MIOTOMIE
HUMAINE
ET CANINE,

Ou la maniére de disséquer les muscles de l'homme & des chiens; suivie d'une MIOLOGIE, ou histoire abrégée des muscles,

Par RENE' CROISSANT DE GARENGEOT; Maître ès Arts & en Chirurgie; Démonstrateur Roïal; des Académies Roïales de Chirurgie de Paris, & des Sciences de Londres; Conseiller-Chirurgien ordinaire du Roi en son Châtelet, & Chirurgien Major du Régiment du Roi infanterie.

TROISIÉME ÉDITION

Revûe, corrigée, & beaucoup augmentée par l'Auteur.

SECONDE PARTIE.

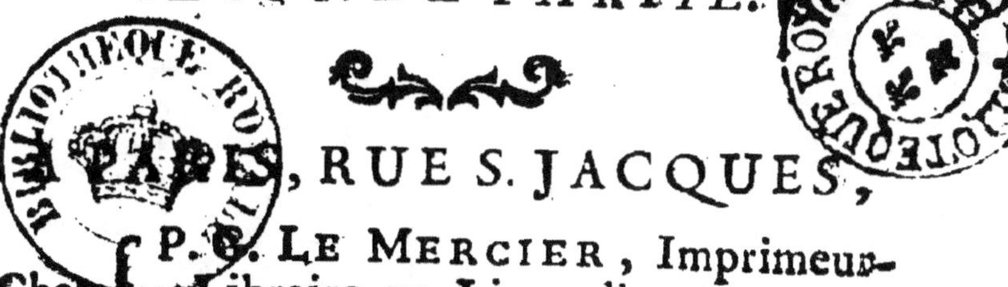

A PARIS, RUE S. JACQUES,

Chez { P. G. LE MERCIER, Imprimeur-Libraire au Livre d'or.
{ M. LAMBERT, Libraire.

M. DCC. L.

Avec Approbation & Privilége du Roi.

TABLE

DES ARTICLES,

CHAPITRES ET PARAGRAFES
de la Miotomie humaine.

SECONDE PARTIE.

Tome II.   a

MIOTOMIE
CANINE.

TROISIEME PARTIE.

CHAP. I. *DE la maniére d'en-*
lever la peau des
chiens, & de la membrane cutanée
connue sous le nom de panicule
charnu, 114.
CHAP. II. *Du paralléle des muscles*
des chiens avec ceux des hommes,
& de leur structure particuliére.
124.

MIOLOGIE
ABRE'GE'E.

QUATRIE'ME PARTIE

MIOTOMIE

MIOTOMIE
HUMAINE ET CANINE.

* * *

SECONDE PARTIE,

Dans laquelle on continue à enseigner la manière de disséquer les muscles de l'homme; en commençant par ceux qui servent à la respiration.

ARTICLE XV.
METHODE

De disséquer & préparer les muscles qui servent à la respiration.

L E terme de respiration renferme deux mouvemens, par le moien desquels nous recevons dans la poitrine & en chassons l'air alternativement. Dans le premier de ces mouvemens, les côtes s'élevant, la cavité de la poitrine devient plus spacieufe, l'air la remplit dans l'inftant même, & c'eft ce que nous appellons l'*infpiration*.

Dans le fecond mouvement, les côtes s'abaiffant, la cavité de la poitrine devient plus étroite ; les poûmons par conféquent font dans une plus grande conftriction, & par une fuite néceffaire, l'air eft obligé d'en fortir ; c'eft ce que nous appellons l'*expiration*.

Les mufcles qui exécutent le premier mouvement ou la dilatation de la poitrine, font, fuivant prefque tout les auteurs, le grand *dentelé*, les *dentelés* poftérieurs, les *intercoftaux* externes, & le *fouclavier*. Quoique je ne regarde point tous ces mufcles comme dilatateurs de la poitrine, je vais cependant fuivre cet ordre pour enseigner la maniére de les disséquer.

Comme j'ai déja parlé de la maniére de préparer le petit *dentelé* postérieur & supérieur dans l'article IX. je passe d'abord à la préparation du grand *dentelé* : elle est très facile à faire, puisqu'elle ne consiste premiérement qu'à mettre le cadavre sur le ventre, & à saisir la baze de l'omoplate, à la lévre interne de laquelle ce muscle est attaché. On renverse ensuite l'omoplate avec une main, en éloignant sa baze des côtes, & on glisse l'autre main à plat, entre le grand *dentelé* & les côtes, afin de déchirer des membranes blanchâtres & celluleuses qui collent, pour ainsi dire, ce muscle, avec les côtes & les muscles *intercostaux*.

On continue ainsi à séparer avec la main de haut en bas, & obliquement de derriére en devant, le grand *dentelé* , jufqu'à ce qu'on foit parvenu à l'attache de fes appendices ou digitations ; pour lors on fouleve le mufcle avec une main , & tenant avec l'autre un fcalpel , on enleve la graiffe & les petites membranes qui fe trouvent entre chaque digitation , & on les dégage de cette façon.

Lorfqu'on a préparé & détaché la furface poftérieure du grand *dentelé*, on remet l'omoplate en fa place ; on tourne le cadavre fur le côté , & on prépare la furface antérieure du même mufcle : & comme il n'y a que l'endroit qui eft collé avec le *fous-fcapulaire* , on prend l'angle antérieur de l'omoplate avec une main ; & gliffant l'autre fur le grand *dentelé* , on déchire de petites membranes celluleufes & graiffeufes qui l'uniffent ou le collent, pour ainfi dire , avec le *fous-fcapulaire*. On laiffe ce mufcle attaché à la lévre interne de la bafe de l'omoplate.

PRÉPARATION

Des muscles intercostaux , du sous-clavier, des muscles sterno - costaux & des sous-costaux.

LEs *intercostaux* externes sont des plans de fibres charnues dont la direction est oblique ; & l'extrémité supérieure de chaque fibre est attachée extérieurement au bord inférieur de la côte supérieure, tandis que l'autre extrémité est attachée au bord supérieur de la côte inférieure, de sorte que ces plans de fibres occupent l'intervalle de deux côtes.

Les *intercostaux* internes sont à peu près les mêmes ; à le différence néanmoins que les externes ont leur direction de derrière en devant, & que ceux-ci vont de devant en arrière. Donc ces muscles se croisant,

forment comme des X. Pour appercevoir ce méchanifme , qui doit feul
mettre de juftes bornes à l'action de
ces mufcles , il faut donner un léger
coup de fcalpel fur le plan intercoftal
extérieur , obfervant de le couper en
travers , & de ne pas avancer trop le
fcalpel : on ratiffe enfuite les fibres
charnues qu'on a coupées , en les
pouffant alternativement en haut &
en bas , & l'on apperçoit une petite
membrane , qui divifant ces deux
mufcles , en impofe fouvent à ceux
qui font ces recherches , d'autant
que fes fibres font de la même direction que celles de l'intercoftal extérieur. Mais lorfqu'on a coupé cette
membrane , & qu'on l'a auffi pouf-
fée alternativement en haut & en
bas, on apperçoit l'*intercoftal* interne,
dont les fibres font d'un fens oppofé.

Il eft effentiel pour l'éxacte ftructure de ces mufcles, & pour certai-

nes opérations chirurgicales , de sçavoir que ces deux plans de fibres ne se trouvent pas dans toute la longueur de l'intervalle des deux côtes , mais qu'il n'y en a qu'un plan simple à la partie postérieure des côtes , & un semblable plan à leur extrémité antérieure , je veux dire , entre les cartilages.

L'*intercostal* extérieur , comme l'a observé le célébre M. *Winslow* , * est seul à la partie postérieure , & ne passe pas au-delà de l'extrémité des côtes qui se joignent avec le cartilage. Le contraire arrive à l'extrémité antérieure des côtes , car c'est l'*intercostal* interne qui occupe seul l'intervalle des cartilages , & ce plan ne passe pas l'angle de chaque côte.

---

* On ne marque point l'ouvrage d'où cette observation est tirée , parce qu'on en avoit rendu justice à l'Auteur dès la premiére édition de celui-ci ; c'est-à-dire', seize ans avant que son Traité d'Anatomie parût.

Le *fous-clavier* eſt un faiſceau de fibres charnues, qu'on voit ſous la clavicule, lorſque le *grand pectoral* qui le cache, eſt entiérement détaché de la clavicule : après quoi on ôte de la graiſſe qui l'environne en quelques endroits, & enſuite ſa préparation eſt très-facile, d'autant que pour le diſſéquer, il ne faut que paſſer la lame du ſcalpel entre ce muſcle & la clavicule ; & aïant coupé les adhérences qu'il a avec cet os, on le laiſſe attaché par ſes extrémités.

Si nous avons enſeigné la maniére de diſſéquer le muſcle *fous-clavier* dans cet article, c'eſt plutôt parce qu'il eſt ſitué de façon à repréſenter le premier *intercoſtal*, que parce qu'on puiſſe le compter au rang des muſcles de la reſpiration. La premiére côte étant abſolument immobile, le *fous-clavier* doit néceſſairement être un abbaiſſeur de la cla-

vicule en certaines attitudes * ; mais
les côtes font encore élevées & ab-
baissées par d'autres muscles , tels
que font les *furcostaux* ou *releveurs*
de *Sténon* , & les *sterno-costaux* &
fous-costaux. Les premiers n'étant
point encore découverts , nous les
renvoions à un autre article : les fe-
conds peuvent être présentement pré-
parés.

Comme les *sterno-costaux* & *fous-*
costaux font situés fur la furface
intérieure du *sternum* , & des côtes ,
on ne peut les préparer qu'après avoir
ouvert la poitrine. Ainfi fuppofant le
cadavre pofé fur le dos , il faut enlever le *sternum* de la maniére ordinaire , c'eft-à-dire , que le jeune anatomifte fe fervira d'un fcalpel à dos ,
& dont le tranchant foit bon ; il coupera avec cet inftrument les cartilages des vraies côtes , à une ligne de

* Voïez M. *Vvinflovv* , page 302.

l'extrémité offeufe de chaque côte ;
& les cartilages des fauffes côtes fe-
ront coupés de fuite, en s'éloignant
toujours de la ligne centrale.

Après toutes ces fections de chaque côté du *fternum*, il faut couper
avec le fcalpel, la capfule qui enveloppe l'articulation de l'extrémité interne de la clavicule avec le premier
os du *fternum*, divifer cette articulation, & la féparer entiérement ;
après quoi il fera facile d'enlever to-
talement le *fternum* avec les cartilages des côtes.

Le *fternum* ainfi enlevé, on doit
le difféquer du côté de fa face intérieure, & voici comme il s'y faut
prendre. On faifit la membrane plevre avec les pincettes, & avec le fcalpel on l'enléve entiérement de la furface interne du *fternum* & des cartilages des vraies côtes. Pendant que
l'on fait cette diffection, on s'apper-

çoit que l'on découvre d'espace en espace, de petites bandes charnues
plattes & assez minces ; il faut enlever délicatement la plevre qui passe
sur ces bandes charnues, & prendre
garde de les émorceler avec la pointe du scalpel. Lorsqu'on a ainsi enlevé la plevre, on apperçoit sur les
cartilages des côtes, & aux deux côtés
du *sternum*, jusqu'à dix de ces bandes charnues, cinq de chaque côté ;
lesquelles considérées toutes ensemble, représentent la figure d'un trian-
gle ; c'est ce qui les a fait nommer
toutes ensemble, le muscle *triangulaire* de la poitrine ou du *sternum* ;
mais étant toutes divisées, & aïant
des attaches chacune en différens endroits, il est mieux de les distinguer
en cinq muscles de chaque côté, appellés à raison de leurs attaches, *sterno-costaux.*

Pour achever la dissection de ces

muscles , il faut pincer les graisses qui
se trouvent entre deux , & les enlever
avec le scalpel, aussi bien que les arte-
res & veines mammaires qui passent
sous les *sterno-costaux* : ensuite on
saisit chaque muscle par le milieu ,
l'on coupe de petites membranes folliculeuses qui sont sous leur corps , &
passant le manche du scalpel sous chacun d'eux , on les laisse attachés par
leurs extrémités. Alors on voit le supérieur posé obliquement , dont l'attache inférieure est au côté du *ster-*
num au-dessous de sa partie moïenne ; & la supérieure au cartilage de
la seconde vraie côte. Le second est
un peu plus long & moins oblique :
son attache inférieure est au côté du
sternum au-dessous du précédent , &
la supérieure au cartilage de la troisiéme vraie côte ; ainsi des autres en
descendant de côte en côte jusqu'à la
sixiéme , augmentant un peu en lon-

gueur, & devenant moins obliques. Il faut cependant en excepter le dernier, dont l'attache inférieure n'est pas au *sternum*, mais à l'appendice xiphoïde ; laquelle étant moins large que le *sternum*, ce *sterno-costal* touche dans cet endroit son pareil.

Pendant que le jeune anatomiste travaille à quelques muscles de l'intérieur de la poitrine, il ne doit pas oublier de petits muscles découverts par *Verheyen*, qui sont situés le long de la partie latérale & presque postérieure des vraies côtes, surtout en tirant vers les fausses où ils sont plus sensibles & en plus grand nombre.

Pour disséquer ces petits muscles appellés *sous-costaux*, il faut déchirer, disséquer & enlever la plevre dans les endroits indiqués ; après quoi l'on voit ces muscles environnés encore de quelques membranes folliculeuses & d'un peu de graisse, qu'il faut enlever proprement, & les *fous-coftaux* font à découvert. Ce font de petits plans charnus très-minces, fitués obliquement, attachés par leur extrémité aux côtes, de façon que l'extrémité inférieure incline plus fur le devant de la poitrine, & que l'extrémité fupérieure faute une ou deux côtes avant de contracter fon attache. Ces mufcles paffent par-deffus les nerfs, artéres & veines *intercoftales*. Leur longueur & leur nombre varient beaucoup.

PREPARATION

Des mufcles dentelé poftérieur-inférieur, & du quarré des lombes.

LOrfque j'ai enfeigné la maniére de difféquer le grand *dorfal*, j'ai fait obferver qu'il falloit prendre garde d'enlever avec lui un petit muscle qu'il cachoit ; il suit delà que le dentelé postérieur-inférieur est à découvert, & qu'il ne reste plus qu'à le détacher.

Pour achever la dissection de ce muscle, il faut coucher le cadavre sur le ventre : on saisit ensuite l'aponévrose du *dentelé* postérieur - inférieur avec les pincettes anatomiques, & tenant un scalpel en lancette avec l'autre main, on porte sa pointe à plat sous l'aponévrose, & en donnant des coups de scalpel horifontalement, on détache l'aponévrose jusqu'aux apophises épineuses des trois ou quatre vertébres supérieures des lombes, & à la derniére du dos. A mesure que l'on parvient à ces apophises épineuses, on coupe l'aponévrose, afin de l'en séparer entiérement ; & quand elle n'y a plus aucune attache, on prend ce lambeau aponévrotique avec la main gauche, tandis qu'avec le scalpel on pourfuit la diffection de derriére en devant.

En difféquant ainfi de derriére en devant, on s'apperçoit bientôt que des fibres charnues ont fuccédé aux fibres aponévrotiques de ce mufcle, & qu'elles vont un peu obliquement de bas en haut pour former quatre appendices ou digitations charnues, qu'on doit conduire jufqu'aux endroits de leur implantation, qui fe fait au-delà de la courbure des quatre dernieres fauffes côtes. Ces digitations, ou ces appendices charnues, ne font point toutes de la même longueur, mais la premiére en comptant de bas en haut, eft la plus courte, & les autres vont en augmentant jufqu'à la quatriéme.

On a coutume de ne faire aucune préparation au mufcle nommé le *quarré* des lombes, qu'on voit occuper

per

per en partie l'espace qui se trouve entre l'os des îles & la côte
flottante ou derniére des fausses côtes:
pour le démontrer à nud, il est cependant nécessaire des préparations
suivantes.

Comme la surface interne ou antérieure du *quarré* des lombes est en
partie couverte par le muscle *grand
psoas*, & par beaucoup de graisses &
de membranes, il faut enlever ces
derniéres parties le plus éxactemēt
qu'il est possible : par ce moien on
nettoie non-seulement la surface interne ou antérieure du *quarré* des
lombes, mais on sépare aussi ce muscle du *grand psoas*.

Il faut présentement dégager &
nettoïer la surface externe ou postérieure de ce muscle, ce qui se fait en
la séparant d'un muscle qui la recouvre, & qui a beaucoup plus d'étendue. Ce dernier muscle est le *sacro-*

lombaire dont nous parlerons dans l'article suivant ; mais il ne s'agit actuellement que d'ôter des membranes & un peu de graisse qui se trouvent entre ces deux muscles , de donner plusieurs coups de scalpel entre les appendices tendineuses qui se trouvent au bord le plus postérieur du *quarré* des lombes , lesquelles , vont s'attacher aux apophises transverses des lombes ; après quoi l'on voit ce dernier muscle dégagé de tous côtés , & ses attaches , dont l'inférieure est à la lévre interne d'une partie de l'os des isles , en partie à l'os *sacrum* par un plan très-charnu ; & la supérieure à la côte flotante par un plan charnu , mais plus mince que le précèdent , les autres attaches étant , comme je l'ai dit , aux apophises transverses des vertébres des lombes par des appendices tendineuses.

L'avantage qu'il y a de disséquer le

muscle *quarré* des lombes de cette façon, c'est qu'en le dégageant du côté de la surface postérieure, & enlevant éxactement les graisses & membranes qui s'y trouvent, on apperçoit un petit muscle très-adhérent au premier, & dont l'attache inférieure se fait par des appendices tendineuses à l'extrémité des apophises transverses de la seconde, troisiéme, & quatriéme vertébres des lombes ; & l'attache la plus supérieure se fait par des fibres charnues, qui croisent & se confondent avec le *quarré* dont nous venons de parler, à la côte flotante ou derniére fausse côte.

ARTICLE XVI.

METHODE

De disséquer & préparer les muſ-
cles du dos, des lombes, les
ſurcoſtaux & les muſcles ver-
tébreux.

COmme l'on va préſentement
travailler les muſcles qui ſont
ſitués tout le long de l'épine, il faut
poſer le cadavre ſur le ventre, afin
d'être commodément pour diſſéquer
ces muſcles : & comme nous avons
déja enſeigné la maniére de diſſéquer
les muſcles *trapeze , rhomboïde ,*
dentelé poſtérieur-ſupérieur , *grand*
dorſal , & dentelé poſtérieur - inférieur, il faut jetter ces muſcles de

côté & d'autre ; pour lors on diſtin-
gue deux muſcles tout le long du dos
& des lombes, dont le plus éloigné
de l'épine eſt appellé *ſacro-lombaire* :
il eſt encore couvert de graiſſe &
d'une légère membrane.

Une obſervation à faire avant d'enlever les graiſſes & la membrane qui
couvrent le *ſacro-lombaire*, eſt d'a-
vertir le jeune anatomiſte de ſe conduire ſagement en enlevant ces parties ſurnuméraires, car le *ſacro-lombaire* eſt garni d'un côté de tendons
longs & plats que l'on pourroit bien
couper ſi l'on n'y donnoit pas toute
l'attention. C'eſt par ces tendons
qu'il faut commencer la diſſection
du *ſacro lombaire* ; & il eſt même à
propos de ne les découvrir qu'à meſure qu'il faut les dégager, crainte
qu'ils ne ſe deſſéchent trop, & qu'on
n'ait beaucoup de peine à les ſéparer. Ainſi il faut ſaiſir chacun de ces

tendons avec la pincette anatomique, & avec le scalpel on le dégage de tous côtés, & on le conduit d'un côté jusqu'au bord extérieur du muscle d'où ils partent tous par des principes charnus & tendineux ; & de l'autre part au bas de l'angle de chaque côté où ils sont attachés. Or, comme les angles des côtes sont plus éloignés de l'épine à mesure qu'elles deviennent inférieures, il suit que ces bandes tendineuses sont de différentes longueurs ; ce qui imite d'autant mieux la figure de la branche de palmier, que les bandes supérieures attachées aux apophises transverses des vertébres du coû, sont plus longues, les autres diminuent & deviennent insensiblement plus larges & plus éloignées.

En parlant de la maniére de disséquer le *quarré* des lombes, on a séparé la surface antérieure-in-

férieure de ce mufcle, qui eft charnue du côté de cette furface, mais
couverte d'une large & forte aponévrofe dans prefque toute l'étendue
de la furface poftérieure du *facro-
lombaire* ; de forte que pour achever
la diffection de cette maffe charnue
couverte d'aponévrofe, il faut la faifir avec une main par fon bord le
plus antérieur, & tenant le fcalpel
avec l'autre main, on travaille comme fous œuvre, & l'on conduit la
maffe charnue couverte d'aponévrofe, jufqu'à la lévre externe de la partie poftérieure de l'os des ifles, à l'os
facrum, & même à fes épines fupérieures.

Avant de quitter la partie inférieure du *facro-lombaire*, il faut obferver que la maffe charnue que nous
travaillons, eft compofée de plufieurs
trouffeaux de fibres charnues, qui
femblent naître de l'aponévrofe, &

dont les directions vont obliquement de bas en haut. Ainsi le dissé-
queur en soulevant la masse, donne-
ra des coups de scalpel dans l'intervalle de ces trousseaux charnus, &
les conduira l'un après l'autre, à
toutes les apophises transverses des
vertébres des lombes. Delà le corps
du muscle monte le long du dos,
jusqu'aux apophises transverses des
vertébres inférieures du coû, & donne en chemin, naissance à toutes les
bandelettes tendineuses & charnues
dont nous avons enseigné la dissection.

Pour finir la préparation de ce
muscle, il faut revenir aux bandes
tendineuses & un peu charnues par
où on a commencé ; & en les écartant les unes des autres, on apperçoit entr'elles & les côtes, de petits
muscles très-charnus dont la direction oblique est de haut en bas, &
croisent

croisent par conséquent les premiéres bandes, avec lesquelles même
elles ont des liaisons intimes. Le
jeune anatomiste saisira avec les pincettes ces petits muscles longuets, &
avec le scalpel il les dégagera de tous
côtés ; & en les conduisant vers leur
extrémité supérieure, on voit qu'ils
semblent naître des apophises transf-
verses des vertébres du coû, pendant que leur extrémité inférieure
s'attache de côte en côte jusqu'à la
huitiéme. Ces petits muscles sont regardés par plusieurs anatomistes,
comme le plan intérieur du muscle
sacro-lombaire : d'autres en font un
muscle particulier, & chacun lui
donne différens noms.

Il ne reste plus qu'à disséquer le
bord postérieur du *sacro-lombaire* ;
il est fort égal & comme uni avec le
long-dorsal. Il en est cependant séparé par une ligne composée de

Tome II. C

graisses & de membranes celluleuses
& folliculeuses. Ainsi il faut artiste-
ment enlever ces parties dans toute
la longueur du muscle ; & lorsque
l'on est parvenu vers la partie inférieure du muscle, on coupe son aponévrose, qui couvre & est commune
avec le *long-dorsal.*

Cette esquisse de la préparation du
sacro-lombaire, fait voir la difficulté
de le bien disséquer, & qu'il est très-
composé.

PRÉPARATION

Du muscle appellé long-dorsal.

LE muscle *long-dorsal* est placé
le long du dos, à côté du *sacro-
lombaire* dont il est séparé par une
ligne composée de membranes folliculeuses & de graisse, qu'on a déja
enlevée pour disséquer le bord posté-

gleur du *facro-lombaire.* Ainſi il eſt ſitué entre ce dernier muſcle, & les apophiſes épineuſes.

Ce muſcle eſt de même que le précédent, très-compoſé; & ſa diſ-ſection par conféquent, très-difficile, ſurtout à la faire entrevoir par écrit. On ne doit donc s'attendre qu'à une eſquiſſe propre à mettre le jeune ana-tomiſte en pratique.

Le *long-dorfal* eſt fort long, très-étroit, & beaucoup plus épais que le précédent, ſurtout à ſon extrémité in-férieure. Pour peu qu'on l'ait déve-loppé, on voit qu'il eſt compoſé en général, de deux différentes ſubſtan-ces, l'une tendineuſe & aponévroti-que, & l'autre charnue.

Comme on a déja dégagé le bord extérieur du *long-dorfal*, en le fé-parant du *facro-lombaire*, on voit plus aiſément le mélange de ſes ſub-ſtances, & on a plus de commodité à les développer. On avance dans sa dissection en pinçant des espéces de bandes tendineuses qui sont à sa superficie moïenne & inférieure, & qui paroissent unies par une légere aponévrose : on dégage ensuite ces bandes tendineuses avec le scalpel, & on les conduit où elles vont se terminer ; sçavoir, la plus postérieure à l'apophise épineuse de la derniére vertébre du dos ; les suivantes aux apophises épineuses des vertébres des lombes ; & les autres aux apophises épineuses des deux vertébres supérieures de l'os *sacrum*.

Cette préparation faite, on voit la substance la plus intérieure du *long - dorsal*, qui paroît d'abord comme une masse charnue ; mais quand on la disséque, on remarque qu'elle est composée d'un amas de faisceaux charnus, qu'il faut diviser autant qu'il est possible, & les pour-

fuivre jufqu'à leurs différentes attaches. L'attache inférieure de ces faifceaux en forme de maffe charnue,
fe fait à l'os des ifles, à l'os *facrum*,
& à la forte aponévrofe que j'ai dit
être commune avec le *facro-lombaire*.

Si l'on pourfuit ces paquets charnus en montant, on voit qu'ils s'u-
niffent en partie avec la portion inférieure du *facro-lombaire*, pour
s'attacher aux apophifes tranfverfes
des vertébres des lombes, & delà à
la partie poftérieure de toutes les
fauffes côtes.

Pour achever la diffection du *long-
dorfal*, il faut reprendre les bandes
tendineufes, & les dégager & conduire vers leurs extrémités fupérieures : on aperçoit en travaillant, que
leur furface poftérieure (confidé-
rant le cadavre couché fur le ventre
comme je l'ai recommandé) devient

charnue ; que ces bandes s'éloignent des apophifes épineufes ; & qu'elles dégénérent en tendons affez menus, qui s'attachent pour l'ordinaire aux extrémités des apophifes tranfverfes des fept vertébres fupérieures du dos, & quelquefois à la derniére du coû, car il y a des variations ; de forte que ces parties fupérieures du *long-dorfal*, fe trouvent-là, comme enchaffées entre le *facro-lombaire* & le mufcle *épineux* ou *tranfverfaire-épineux* du coû.

Comme cette diffection eft longue & difficile, & qu'on n'acheve pas chacune des parties de ce mufcle la premiére fois qu'on commence fa préparation, il eft néceffaire de les travailler à plufieurs fois : & comme on écarte tantôt les unes, pour fe donner du jour & mieux appercevoir les autres, on acheve alors la diffection des faifceaux charnus & des ban-

des tendineuſes du *long-dorſal*, &
l'on voit que vers le milieu des vertébres du dos , quelques-unes des
derniéres dont la ſurface poſtérieure
eſt devenue charnue , s'uniſſent &
communiquent avec pluſieurs faiſceaux du muſcle *demi-épineux* du
dos, que le *long-dorſal* couvre &
cache entiérement.

PRÉ'PARATION

Des muscles appellés grand-épineux du dos, demi-épineux, le sacré des Anciens, ou transversal-épineux des lombes, les surcostaux & les inter-épineux & inter-transversaires.

EN travaillant le muscle *long-dorsal*, surtout son bord le plus voisin des apophises épineuses, on a en partie dégagé le muscle *grand-épineux* du dos. On conclud delà, que sa situation est au côté des apophises épineuses des vertébres du dos.

Comme ce muscle est un assemblage d'un grand nombre de faisceaux charnus, qui se terminent par de petits tendons attachés aux extrémités des apophises épineuses des vertébres du dos, il faut pincer chaque faisceau musculeux, le dégager de tous côtés avec le scalpel, & & le conduire à ses attaches. Ainsi tous les faisceaux disséqués, on en voit de plus longs les uns que les autres ; d'autres qui communiquent de leurs fibres aux *long-dorsal*, & *demi-épineux*, & tous s'attachent aux apophises épineuses, en commençant ordinairement depuis la seconde du dos, jusqu'à la premiére des lombes.

Pour disséquer les muscles suivans, il faut enlever tous ceux qui couvrent le *long dorsal* & le *sacro-lombaire*, même ces deux derniers muscles ; après quoi l'on apperçoit ceux dont nous allons enseigner la préparation. On voit par-là que pour faire la démonſtration des muſcles qui couvrent ou apartiennent à l'épine, ſur un même cadavre, on eſt obligé de les diſſéquer des deux côtés, afin qu'on puiſſe faire voir les uns & les autres en place.

En ſuppoſant donc les muſcles *long-dorſal* & *ſacro-lombaire* enlevés, on apperçoit une eſpéce de maſſe charnue, compoſée d'un grand nombre de faiſceaux charnus, attachés alternativement à quelques apophiſes tranſverſes des lombes & du dos, & aux épineuſes du dos. C'eſt le *demi-épineux* ou *tranſverſal-épineux* du dos.

La maniére de diſſéquer ce muſcle, eſt de ſaiſir avec les pincettes les membranes folliculeuſes qui ſe trouvent entre chaques faiſceaux, & de les enlever avec le ſcalpel, de ſorte qu'aïant bien éxécuté & conduit cette diſſection depuis l'apophiſe tranſverſe de la troiſiéme vertébre des lombes, juſqu'à l'apophiſe épineuſe de la premiére du dos, on voit qu'il y a de ces faiſceaux charnus qui d'une apophiſe tranſverſe vont s'attacher à pluſieurs apophiſes épineuſes ſupérieures ; d'autres qui ne vont s'attacher qu'à une ſeule apophiſe épineuſe ſupérieure à l'apophiſe tranſverſe d'où le faiſceau part.

On voit par ces attaches aux apophiſes tranſverſes d'une part, & aux épineuſes ſupérieures aux tranſverſes d'autre part, que ces faiſceaux charnus ont une ſituation oblique, & même plus ou moins oblique ſuivant que les faiſceaux s'attachent à pluſieurs apophiſes épineuſes. Cette obliquité, connue aux Anciens, ne les a pas empêché de nommer la totalité de ces faiſceaux, le *tranſ-verſal-épineux*, parce que les attaches inférieures des faiſceaux ſe font aux apophiſes tranſverſes , & les ſupérieures aux apophiſes épineuſes ; & non pas parce qu'ils ont voulu faire connoître par cette dénomination , que le muſcle fut ſitué tranſverſalement.

La portion inférieure du muſcle *long-dorſal* , a été priſe par pluſieurs anatomiſtes & ſurtout par des modernes , pour un muſcle particúlier qu'ils ont nommé *ſacré ;* mais nous avons enſeigné la maniére de diſſéquer ce muſcle de façon à convaincre du contraire ; ainſi en ſuppoſant cette portion enlevée avec le *longdorſal* dont elle fait partie, on voit à la région lombaire, différens faiſceaux charnus qui ont quelque reſſemblance avec le *tranſverſal-épineux* du dos que nous venons de travailler, & qu'on appelle, tous enſemble , le *tranſverſal-épineux* des lombes ou le *ſacré* des anciens.

La maniére de disséquer ce muscle, consiste à pincer & enlever les membranes celluleuses qui séparent ces petits vertébraux obliques, & par ce moïen on les dégage les uns des autres, surtout leurs extrémités les plus supérieures qui sont moins confondues. Alors on voit que ces muscles semblent naître de la partie supérieure latérale de l'os *sacrum*, postérieure de l'os des Iles, & quelques-uns des trois apophises transverses inférieures des lombes : ils montent ensuite obliquement pour s'attacher successivement à toutes les apophises épineuses des lombes.

Passons aux muscles nommés *sur-costaux* que nous n'avons pû disséquer dans la préparation des muscles destinés à la respiration, attendu qu'ils étoient pour lors cachés sous un grand nombre de muscles que nous supposons enlevés après en avoir enseigné la dissection.

Les *sur-coſtaux* ſont ordinaîrement douze de chaque côté, ſitués ſur la partie poſtérieure des côtes, & le long des apophiſes tranſverſes des vertébres du dos. Pour diſſéquer ces muſcles, il s'agit d'ôter quelques membranes cellulaires qui les environnent ; après quoi on les ſaiſit l'un après l'autre avec les pincettes anatomiques, & paſſant le ſcalpel ſous leurs corps, on les conduit de part & d'autre, juſqu'à leurs attaches, qui ſont par une de leurs extrémités aux apophiſes tranſverſes des vertébres du dos, ſupérieures à l'articulation de chaque côte ; & par l'autre, extérieurement à la partie poſtérieure de chaque côte, en cet ordre. Le premier eſt attaché par un plan tendineux à l'apophiſe tranſverſe de la derniére vertébre du coû : en le pourſuivant delà, on voit qu'il devient charnu, & s'élargit en deſcen-

dant obliquement, pour s'attacher
extérieurement à la partie poſtérieure
de la premiére côte, & ainſi ſucceſſi-
vement juſqu'à l'onziéme vertébre
du dos & à la douziéme côte.

Il y a néanmoins une obſervation
à faire, c'eſt qu'en travaillant les
ſurcoſtaux, on en trouve qui ſont
doubles, & pour lors le plan le plus
extérieur eſt plus long, quitte le plan
intérieur qui s'attache à la côte voiſine, & paſſe ſur cette côte voiſine
pour s'attacher à la côte ſuivante.
Cette variété ſe rencontre ordinairement au milieu du dos.

La plus grande partie des muſcles
dont nous avons enſeigné la diſſection dans cet article, s'appellent les
vertébraux en général. Ces ſortes de
muſcles ſont compoſés, & retiennent
en général le nom de *grands verté-
braux*. Il y a encore le long de l'é-
pine, de petits muſcles ſimples, qui

s’appellent en général *petits verté-braux*, & en particulier les uns sont appellés *inter-épineux*, & les autres *inter-transversaires*.

La préparation qui convient à ces muscles est très-facile, car comme les premiers sont situés entre deux apophises épineuses, & les seconds entre deux apophises transverses, il n’y a autre chose à leur faire, que de les nétoyer des membranes folliculeuses & graisseuses qui les avoisinent, & les laisser en place. Cette préparation doit se faire aux uns & aux autres, tout le long de l’épine.

Pour achever la préparation des muscles de l’épine, il faudroit disséquer présentement les muscles du coccix, & même le *petit psoas* comme appartenant aux lombes ; mais les premiers étant confondus avec les muscles de l’anus, nous renvoions leur préparation à l’article suivant ;

la situation du *petit psoas* étant telle
qu'il est couché sur le *grand psoas*,
nous enseignerons sa préparation
dans l'article XVIII.

ARTICLE XVII.

METHODE.

De disséquer & préparer les muscles de l'anus, du coccix, de la verge & du clitoris.

LES muscles de l'anus sont plusieurs : nous allons commencer
leur dissection par ceux qu'on appelle
sphincters, qui sont deux, l'un externe ou cutané, & le deuxiéme qui
est situé plus intérieurement.

Le *sphincter* extérieur de l'anus
se prépare de cette façon. Supposant
le cadavre couché sur le ventre com-

me nous l'avons recommandé pour la diſſection des muſcles de l'épine, on aura ſoin d'écarter les cuiſſes, & d'élever les feſſes par le moïen de quelque billot ou autre choſe équivalente, qu'on mettra ſous le cadavre.

Ces choſes obſervées pour une plus grande commodité, on fera une inciſion circulaire à la peau qui environne le fondement. Cette inciſion ſera commencée à la fin de l'os *ſacrum*, ou, ce qui eſt la même choſe, vers la partie ſupérieure du coccix : delà elle ſera prolongée en demi-cercle d'un côté ſeulement, juſqu'au périné dans l'homme, & proche l'extrémité des grandes lévres à la femme, obſervant que dans ce trajet, chaque point de l'inciſion ſoit éloigné d'environ deux travers de doigt de l'anus.

Pour avoir plus de facilité à diſſéquer les *ſphincters* de l'anus, il faut faire une pareille inciſion de l'autre côté, & obferver non-feulement les mêmes circonftances, mais auffi que que fes extrémités aillent joindre les extrémités de la précédente, de façon que de ces deux incifions faites à la peau, il en réfulte un ovale.

On faifit enfuite la peau avec les pincettes anatomiques, & on la diffé-que de tous les côtés avec le fcalpel, jufqu'à ce qu'on foit parvenu à l'entrée de l'anus où on la trouve très-mince. C'eft en difféquant de cette façon, que l'on apperçoit des fibres charnues, couchées fur la graiffe, dont les direc-tions font demi-circulaires, & s'éten-dent plus ou moins en large felon l'â-ge des fujets; & dont la couleur varie, car elles font quelquefois affez rou-ges, & fouvent d'un rouge fort pâle.

Quand on a détaché tout l'ovale de peau dont je viens de parler, & qu'on a enlevé quelques graiffes qui fe trouvent entre les fibres du

D ij

ſphincter dont je viens de parler, on voit ce muſcle en ſituation, aïant lui-même la figure ovale ; & en conduiſant les fibres aux extrémités de l'ovale ; on voit que la poſtérieure eſt un peu tendineuſe , aſſez enveloppée de graiſſe qu'il faut ôter , & attachée à la pointe du coccix. L'extrémité antérieure de l'ovale formé par le *ſphincter externe* de l'anus , eſt compoſée de fibres charnues qui s'attachent en partie à la peau du périné , & en partie au tendon mitoïen du muſcle *tranſverſal* de l'uréthre.

Quand on a ſuffiſamment examiné la ſituation de ce muſcle , il faut ſaiſir & emporter avec art les graiſſes qui ſont à ſa circonférence, & qui le ſoutiennent tellement que dès qu'elles ſont emportées, le muſcle s'affaiſſe & paroît s'unir avec des fibres charnues ſituées plus profondément , qui ont la même direction , & qui s'attachent poſtérieurement à la pointe du coccix comme le muſcle précédent, & antérieurement au tendon mitoïen du *tranſverſal* de l'uréthre ſeulement. C'eſt ce qu'on appelle le *ſphincter intérieur* de l'anus, auquel on peut joindre les fibres circulaires de l'extrémité du *rectum*. Ces deux muſcles ont la figure ovale, & embraſſent l'extrémité de l'inteſtin *rectum*, & le ſerrent par conſéquent en ſe contractant.

PRÉPARATION

Des muſcles appellés releveurs de l'anus.

LA diſſection des muſcles *releveurs* de l'anus ne peut ſe commencer qu'après avoir mis le cadavre ſur le dos, afin de travailler ces muſcles commodément, parce qu'ils font en partie situés dans le fond du baſſin.

Le cadavre ainſi renverſé, on coupe & on emporte tous les vaiſſeaux contenus dans le baſſin, puis l'on jette la veſſie & le *rectum* ſur le côté que l'on ne veut point travailler, car il ſuffit.de diſſéquer ces muſcles d'un côté.

On s'applique enſuite à ôter les graiſſes qui ſe trouvent depuis le pubis juſqu'au fond du baſſin, même le péritoine qui revêt cette cavité; mais il faut prendre garde en enlevant ces parties, d'enlever une aponévroſe ou eſpéce de ligament qui s'attache à l'intérieur de la ſimphiſe du pubis, & qui regne le long de la ſurface interne du muſcle *obturateur interne.* C'eſt à cette aponévroſe que la portion antérieure du *releveur* de l'anus, ſemble prendre naiſſance par un épanoüiſſement charnu, mince & large.

Le jeune anatomiste s'appliquera à dégager & nétoyer cette portion antérieure ; & en descendant vers le trou ovale, il découvrira une seconde portion charnue de ce muscle, qui est la moïenne, attendu qu'étant parvenu à l'épine de l'os ischion, il découvrira la portion postérieure du *releveur* de l'anus, qui touche les muscles du coccix appellés *coccingiens.*

Nous renvoïons le reste de la préparation de ces derniers muscles à l'article suivant, attendu qu'on ne peut les voir en entier, qu'après avoir levé la partie postérieure du *grand fessier.*

En travaillant les trois bandes musculaires du *releveur* de l'anus, & en les conduisant vers leurs extrémités postérieures, on apperçoit que la bande antérieure, de même que le bord antérieure de la moïenne,

laiſſent avec les bandes muſculaires
oppoſées, un eſpace pour le paſſage
de l'uréthre, & qu'elles embraſſent
la glande proſtale, le col de la veſſie,
& s'attachent en paſſant à toutes ces
parties, & même à la partie bulbeu-
ſe de l'uréthre. Après quoi toutes ces
bandes muſculaires ſe réuniſſent, ſe
retréciſſent, & ne compoſent toutes
les trois qu'un ſeul muſcle, qui paſſe
derriére le *rectum* auquel il commu-
nique, & s'attache avec le muſcle
oppoſé, tout le long du coccix & à
toute la circonférence de l'anus.

Si le jeune anatomiſte veut travailler le *releveur* de l'anus des deux
côtés, il verra encore que ces *releveurs* diſſéqués & unis, ferment la
cavité du baſſin. Il y a plus de trente
ans que j'ai vu diſſéquer ces muſcles
par mon confrére le célébre M. *Petit,*
qui par rapport à la conformité que
ces portions muſculaires ont avec le
diaphragme,

diaphragme, les nomma pour lors le *diaphragme inférieur.*

PRÉPARATION

Des muscles de la Verge.

LE cadavre couché sur le dos, comme je l'ai recommandé pour la préparation des muscles de l'anus, on aura soin d'écarter beaucoup les cuisses l'une de l'autre, & de mettre un billot ou autre chose équivalente sous l'os *sacrum*, afin d'élever davantage le sujet.

Cela étant fait, le jeune anatomiste prolongera l'incision que l'on a faite la première fois au bas-ventre, jusqu'à l'incision circulaire que l'on vient de recommander autour du fondement, & séparera la peau de toutes ces parties : après quoi il ôtera les graisses & les membranes qui sont fous cette peau. On s'attachera à mettre à découvert le tendon du mufcle *grêle interne* près la fimphife du pubis, & là on verra un petit mufcle fitué obliquement, & qui femble cotoïer la branche de l'ifchion, c'eft le mufcle *érecteur*. Il faut bien nétoïer ce mufcle des graiffes qui l'avoifinent, ôter même fa membrane, & en le pourfuivant ainfi, on voit que fon attache inférieure eft à la tubérofité de l'ifchion, & la fupérieure aux corps caverneux depuis la fimphife jufqu'à leur union.

Au côté le plus caché de ce mufcle, on en voit un très-grêle qui cotoïe l'*érecteur*. Sa préparation ne confifte qu'à enlever une membrane très-fine qui le revêt; alors on voit que fon attache inférieure eft à la furface interne de la tubérofité de l'ifchion, plus bas que le précédent qu'il accompagne jufqu'à l'endroit des corps caverneux, & son attache supérieure est à l'uréthre. C'est l'*ac-célérateur latéral*.

Au côté du muscle *érecteur*, direc-tement sous l'uréthre, on voit un petit muscle plat, qui embrasse pos-térieurement la partie inférieure de l'uréthre & sa partie bulbeuse. La dissection qui convient à ce muscle n'est pas bien difficile, après les pré-parations que l'on vient de faire aux précédens. Il s'agit d'enlever des membranes assez fines qui le cou-vrent; & en le travaillant, on apper-çoit que ses fibres viennent des deux côtés comme les barbes d'une plume, se jetter sur un tendon fort mince qui regne tout le long de son milieu, ce qui le met au rang des muscles pen-niformes. C'est le muscle *accéléra-teur* ordinaire ou *éjaculateur*, qui est attaché au muscle cutané du sphincter de l'anus, & au tendon des *transver-*

ſes de l'urethre : mais par ſon autre extrémité il ſe diviſe en deux muſcles qui abandonnant l'uréthre, ſe jettent l'un à droit & l'autre à gauche, pour s'attacher aux corps caverneux.

Entre la partie penniforme de l'*accélérateur*, & le muſcle *érecteur*, on apperçoit un eſpace triangulaire qui n'eſt occupé que par de la graiſſe & des membranes folliculeuſes fort blanchâtres. Il eſt abſolument néceſſaire d'ôter toutes ces parties blanchâtres, pour bien préparer l'*érecteur* & l'*accélérateur latéral* dont je viens de parler ; mais en les enlevant, il faut faire attention à leur épaiſſeur qui eſt d'environ deux travers de doigt dans un adulte. Cette attention que je demande au jeune anatomiſte chirurgien, le portera à examiner l'endroit où ſe pratique l'opération d'une nouvelle méthode de tailler. L'inventeur de cette nouvelle taille eſt M. *Foubert*, célébre chirurgien de Paris.

Cette taille moderne ne fut d'a-bord connue que par des expériences ſur les vivans qu'en fit l'auteur, où il invita les Médecins & Chirurgiens de Paris les plus diſtingués. J'aſſiſtai aſſidûment à toutes ces épreuves, & j'en ſuivis les panſemens de façon à me mettre en état de connoître par moi-même, cette nouvelle méthode, & de prononcer dans le tems, & dans tous les cours d'opérations que j'ai fait dans nos écoles, qu'à certains égards il n'y avoit pas de meilleure opération.

La premiére fois qu'il fut queſtion de cette nouvelle méthode de tailler dans les écrits publics, fut dans un Mercure de France, où M. *Morand* en rapporta les ſuccès pour accom-pagner ceux de la taille latérale, dont il donnoit alors l'énumération

E iij

qui étoit néceffaire, car les nouveau-
tés paffent toujours par beaucoup de
difficultés.

M. *Foubert* inféra une lettre dans
le Mercure fuivant, par laquelle il
fît voir que les parties que l'on cou-
poit dans fon opération, n'étoient
point les mêmes que dans la taille
latérale ; & concluoit que n'étant
point la taille latérale, fes fuccés ne
devoient point appuier ceux de cette
opération. Cette lettre au furplus,
n'entrant dans aucune defcription de
la nouvelle taille, n'inftruifit que
ceux ceux qui avoient eu l'avantage
de voir opérer l'auteur.

La feconde fois que le public
put voir des éclairciffemens un peu
plus détaillés de cette taille, fut
dans une théfe foutenue par un jeune
médecin dans une univerfité étrangere. Il eft vrai que cette thefe réveil-
la l'amour propre de ceux qui s'ima-

ginoient que l'art de tailler leur étoit
dévolu : il en réfulta deux écrits
polémiques , fous le nom de deux
étrangers pour lors écoliers de M.
Morand. De crainte d'entrer une
feconde fois , dans une difpute litté-
raire , où j'ofe dire que j'ai été victo-
rieux la prémiére , je fis peu d'attention à ce qui m'étoit perfonnel dans
ces écrits : je les jugeai alors peu capables de faire fortune , & de donner
la moindre atteinte à l'opération de
M. *Foubert.*

La quatriéme fois que le Public eut
des notions de cette nouvelle taille ,
fut dans les notes fur Dionis par
M. *La Faye.* Les deux écrits dont
on vient de parler , étoient trop de
fon goût pour qu'on le vît incliner
pour la nouvelle taille ; & je recon-
nus dans la lecture de fon ouvrage ,
qu'il n'avoit fuivi M. *Foubert* , ni
dans fes opérations , ni dans leurs

panfemens. * Mais, comme jufqu'à cette époque on n'avoit point de vraies idées de cette forte d'opéra-tion, chacun en parloit différem-ment, & critiquoit fuivant qu'elle lui paroiffoit plus ou moins contraire à la méthode qu'il avoit embraffée. Pour mettre fin à toutes ces difcuf-fions, l'auteur fe détermina enfin à la rendre publique lui-même ; & j'ofe dire que les hommes fenfés & vrai-ment habiles dans la Chirurgie, ont regardé ce morceau, comme un des ornemens du premier volume de l'A-cadémie Roïale de Chirurgie.

Puifque les avantages que la Chi-rurgie & le Public doivent tirer de cette nouvelle façon de tailler, font différemment expofés par ces au-teurs, le jeune chirurgien que nous

* Je ne parle point de deux brochures anonimes que les Notes de M. *La Faye* ont fufcitées, & qui font tombées dans l'oubli.

conduifons dans la diffection des mufcles , doit non-feulement l'étudier
avec foin , mais il doit difféquer &
examiner attentivement les parties
où elle fe pratique , afin d'être en état
de décider par lui-même , fi elle a
des avantages fur les autres métho-
des , & s'il la doit fuivre dans fa pratique.

Ce fera donc avec cette envie de
s'inftruire , qu'il difféquera les parties
que je lui indique,& qu'il remarquera
l'étendue de l'efpace triangulaire qui
fe trouve entre les mufcles *accélérateur* ordinaire & *érecteur*.

Pour lors mettant fon doigt indi-
cateur affez avant dans cet efpace
triangulaire , & le dirigeant vers fon
angle fupérieur , il trouvera une forte
de réfiftance occafionnée par le mufcle *tranfverfal* de l'uréthre.

Ce mufcle eft fitué derriére l'angle
fupérieur dont je parle : il eft fort

étroit , & attaché d'une part, à la branche de l'os ischion ; d'où il passe transversalement le long du bord d'un ligament qui est entre les os pubis , & s'unit d'autre part avec son congénere au milieu du ligament en question , par un tendon mitoïen à ces deux muscles.

On voit par cette description que pour disséquer les muscles *transverses* dont je parle, il faut enlever l'*accélérateur* , l'*érecteur* & même la naissance des corps caverneux ; mais revenons à quelques observations sur l'espace triangulaire par laquelle on fait l'opération de la taille de M. *Foubert.*

L'angle supérieur de cet espace est formé par une espéce d'union entre l'*érecteur* & une branche de l'*accélérateur* , & borné intérieurement par le muscle *transverse* comme je viens de le dire.

Il n'en est pas de même des angles inférieurs de cet espace, car ils sont bornés seulement par de la graisse, & par les fibres charnues du *sphincter* cutané de l'anus. D'où l'on voit que ces parties sont fort lâches, & prêtent facilement au moindre effort ; mécanique qui rend l'espace beaucoup plus grand & plus propre à céder facilement aux corps qui y passent.

Mais une observation importante pour sentir au vrai la bonté de l'opération de M. *Foubert*, consiste à remplir la vessie d'eau, à pousser le doigt indice d'une main dans cet espace triangulaire, aussi avant qu'il est possible, & à presser avec l'autre main, le ventre au-dessus du pubis ; alors on sent à merveille avec le doigt qui est dans l'espace triangulaire, l'ondulation de l'eau contenue dans la vessie : on la sent, dis-je, cette ondulation, au point que de quelque façon qu'on dirige ſon doigt ; on ne touche que la baſe & la partie la plus large de la veſſie * ; de ſorte que ſi l'on pouſſoit un inſtrument aigu dans cet eſpace triangulaire, on perceroit toujours cette baſe de la veſſie remplie d'eau, quand même on voudroit l'éviter. On doit conclure de là, que quand on dirige l'inſtrument aigu de la maniére que le conſeille M. *Foubert*, on perce la veſſie dans l'endroit le plus avantageux. En effet, c'eſt toujours dans cette partie la plus large & charnue de la veſſie, dans l'endroit le plus déclive de cette baſe, & entre l'urethére & la glande proſtate. C'eſt l'anatomie, l'inſpection des parties qui préſentent ces réfléxions ; & comme elles ne ſont pas également avantageuſes dans les auteurs qui ont écrit de l'opération dont je parle, j'exhorte

* *Voïez ma Splanchnologie.*

le jeune anatomiste chirurgien à disséquer avec attention, afin de juger par lui-même, si je suis adulateur, ou si j'aime la vérité.

PRÉPARATION

Des muscles du clitoris.

LE clitoris, de même que la verge, a deux muscles *éreĉteurs* un de chaque côté ; & ces *éreĉteurs* ont les mêmes attaches & se préparent de la même façon. Pour ce qui est des muscles *accélérateurs* ils sont différens dans la femme.

La maniére de disséquer ces derniers, est de préparer le *sphinĉter* de l'anus avec beaucoup d'attention, & d'enlever en même temps la peau & la graisse d'une des grandes lévres de la vulve ; alors on apperçoit des fibres charnues qui composent un plan musculaire fort large, qui est tellement uni avec le *spincter*, qu'il semble en être une continuité. Ce plan musculaire est situé au côté extérieur du vagin : il se retrécit ensuite & monte pour s'attacher au corps du clitoris. En travaillant sous œuvre l'*accélérateur* du clitoris, on découvre qu'il cache un lacis de vaisseaux veineux & artériels, auquel j'ai donné de beaux usages dans mon traité des viscéres.

ARTICLE XVIII.

MÉTHODE

De préparer & disséquer les muscles qui servent à mouvoir la cuisse.

AVant de parler de la maniére de disséquer les muscles qui servent au mouvement de la cuisse, il faut commencer par les découvrir de la peau & de la graisse qui les environne : on couche pour cet effet le cadavre sur le ventre, & l'on fait une incision en segment de cercle à la peau, qui commençant, par exemple, à la partie moïenne & externe de la cuisse, aille en ceintre à sa partie supérieure & postérieure ; & cotoïant le fondement, monte le long du coccix, de l'os *sacrum*, &

ſe termine dans celle que nous avons recommandé le long de l'épine.

Pour enlever cette peau avec art, de même que la graiſſe à laquelle elle eſt attachée, il faut la pincer avec les doigts d'une main, à la partie ſupérieure & poſtérieure de la cuiſſe, près du fondement ; & avec un ſcalpel bien tranchant qu'on tient avec l'autre main, on coupe la graiſſe. Lorſqu'on a découvert les fibres charnues, on continue d'enlever la peau & la graiſſe, en la diſſéquant de derriére en devant, obſervant que les coups de ſcalpel aillent ſuivant la direction des fibres ; que ſa pointe entre même dans l'intervalle de chaque faiſceau charnu, afin d'enlever avec la peau & la graiſſe, non-ſeulement la membrane du *grand feſſier*, mais auſſi quantité de lardons de graiſſe qui ſemblent diviſer les faiſceaux charnus de ce muſcle.

On acheve de conduire ainſi la diſſection de ce ſegment de peau, de derriére en devant , juſqu'à ce qu'on ſoit arrivé à la partie exter- ne & preſqu'antérieure de la cuiſſe ; pour lors on renverſe le lambeau de peau , & on s'applique à ôter les graiſſes qui peuvent être reſtées ſur le *grand feſſier* , & qui ont par conſéquent échappé à la pre- miére diſſection.

Lorſqu'on a bien nétoïé le *grand feſſier*, il faut le lever , afin de mettre à nud quantité de muſcles qu'il recou- vre : la façon la plus ſure & la plus commode de faire cette diſſection , eſt de commencer par ſon bord poſtérieur & moïen. Il eſt bon de ſçavoir que ce bord poſtérieur & moïen du *grand feſſier* , eſt une maſſe charnue , vacil- lante & comme flottante , qui eſt ſoutenue ſur un ligament qui de la tubéroſité de l'iſchion , va s'attacher à la partie latérale du coccix & de l'os *facrum.*

On faifit cette maffe flotante avec les doigts de la main gauche, & avec un fcalpel qu'on tient de la droite, on fépare la maffe charnue, du ligament dont je viens de parler : à peine a-t-on donné quelques coups de fcalpel en defcendant, qu'on rencontre la tubérofité de l'ifchion ; il faut foulever le *grand feffier* dans cet endroit, coupez toujours en defcendant, les graiffes & les membranes qui le rendent adhérent à la tubérofité, & à des mufcles dont il couvre l'extrémité fupérieure. Quand on eft parvenu à la furface externe de la tubérofité, on apperçoit un cordon de vaiffeaux qui eft fort entourré de membranes & de graiffes ; il faut foulever ces membranes, vaiffeaux & graiffes, foit avec des pincettes ou avec les doigts, puis avec le fcalpel on les fépare des mufcles , & on les emporte entiérement. A peine ces vaiffeaux , graiffes & membranes , font-elles enlevées , qu'on apperçoit une partie d'un petit mufcle qui fe gliffe fous le *grand feffier*, & dont les fibres font d'une direction toute oppofée à ce dernier. On souleve le *grand feffier*, & on coupe entre lui & la portion de ce petit mufcle, qui eft le quarré des quadrigemeaux, afin de conduire le bord poftérieur du *grand feffier* jufqu'à la partie fupérieure externe du fémur , j'entends trois ou quatre travers de doigts au-deffous du grand trochanter.

Il faut enfuite changer le fcalpel de main , foulever le *grand feffier* avec la main droite, & le détacher du coccix avec le fcalpel qu'on tient de la main gauche ; puis en continuant toujours la diffection vers la partie fupérieure de ce mufcle , on le détache de l'os *sacrum*, de la lévre externe de l'os des isles, & on le conduit jusqu'à une espéce de fourche qui est formée par l'approche de ce muscle avec le *Fascia-lata*.

Avant de quitter ce muscle, on le soutient en l'air, pour couper quantité de membranes celluleuses qui le séparent du *moïen fessier*, d'un autre muscle en forme de poire, appellé le *piriforme* ou le *piramidal*, & du grand trochanter.

PRE'PARATION

Du moïen fessier, & de plusieurs petits muscles qui l'avoisinent.

APrès qu'on a enlevé le *grand fessier* de la façon que je l'ai expliqué, & qu'on l'a renversé sur le pubis & la partie antérieure de la cuisse, on voit dans les endroits qu'il occupoit, des membranes blanchâtres & celluleuses, & de la graisse par paquets en différens endroits.

On commence par ôter les petites membranes celluleuses qui font fur la furface externe & poftérieure de l'os des îles, & l'on nétoïe par cette manœuvre, le *moïen feffier* & le *piramidal.*

Pour difféquer le *moïen feffier*, il faut jetter les yeux fur fon rebord inférieur & poftérieur, afin d'appercevoir une ligne oblique qui le diftingue d'un mufcle qui lui eft plus inférieur, & que nous avons déja nommé le *piramidal.* On donne un coup de fcalpel fuivant l'obliquité de cette ligne, puis l'on pince ce mufcle dans cet endroit, pour le foulever, pendant qu'on porte un fcalpel à plat, & qu'on fépare ce mufcle de l'os des îles.

Pour peu qu'on l'ait détaché de la

ſurface poſtérieure & ſupérieure de l'os des îles, & du bord de ſon échancrure poſtérieure, on trouve (lorſqu'on travaille ſous œuvre) qu'on coupe de petites membranes blanchâtres & celluleuſes qui le ſéparent d'un muſcle raïonné, fort plat & collé ſur l'os ; c'eſt le *petit feſſier.*

Il faut toujours continuer de ſéparer le *moïen feſſier* du petit ; & l'on coupe, en chemin faiſant, ſes attaches fixes, qui ſe font ſur une ligne oſſeuſe qu'on voit à la ſurface externe de l'os des îles, quelque diſtance au-deſſous de ſa lévre externe, & qui a, de même que l'os des îles, une figure ceintrée. Il ſuit du contour ceintré de ce muſcle, & de la réunion de ſes fibres pour former un tendon qui s'implante à la partie antérieure de la cavité du grand trochanter, que le *moïen feſſier*, de même que les

grand & petit *feſſiers*, ſont des muſcles raïonnés

Il ne faut pas ſe contenter de conduire la diſſection du *moïen feſſier*
de derriére en devant, juſqu'à l'endroit où nous avons laiſſé le *grand
feſſier ;* car ce premier ne finit pas
dans la ligne paralléle du *grand feſſier*, mais il faut le conduire juſques
ſous le *Faſcia-lata*, & juſqu'à ſon
attache mobile que j'ai déja aſſignée.

La diſſection du *moïen feſſier* finie,
le *petit feſſier* paroît à découvert : la
préparation qui convient à ce muſcle, eſt ſeulement de le nétoïer, en
ôtant quelques graiſſes, quelques
vaiſſeaux, & quelques membranes
qui le recouvrent.

Lorſque nous avons commencé
la diſſection du *moïen feſſier*, nous
avons fait une bonne partie de la
préparation qui convient au *piriforme* ou *piramidal.* Pour achever ſa

diſſection, il faut ſaiſir avec les pincettes, des graiſſes qui l'avoiſinent, & les couper avec le ſcalpel, afin de les emporter entiérement : on a auſſi le ſoin de couper & emporter pluſieurs vaiſſeaux qui paſſent entre le *piramidal* & un petit muſcle poſé horiſontalement, & qui lui eſt inférieur. Parmi ces vaiſſeaux & quantité de membranes, on apperçoit le nerf ſciatique, qui eſt fort gros dans cet endroit, & qu'il faut emporter avec tout ce qui n'eſt point muſcle.

L'abſence de toutes ces parties laiſſe voir pluſieurs petits muſcles, & rend le *piramidal* preſque tout diſſéqué : il ne reſte plus, pour achever ſa préparation, qu'à le ſoulever par ſon milieu, gliſſer le ſcalpel ſous lui, & conduire ſon corps charnu juſqu'à l'échancrure poſtérieure de l'os des îles, & la partie latérale de l'os *ſacrum* où il eſt fortement attaché

ché. On conduit enſuite ſon extrémité inférieure juſques dans la cavité du grand trochanter, où ſon tendon va obliquement s'implanter au-
deſſous du *petit feſſier.*

Le muſcle qu'on voit ſitué horiſontalement, & qui eſt inférieur au *pira-*
midal, eſt le *gémeau ſupérieur.* Si l'on a
exactement ôté les graiſſes, les membranes & les vaiſſeaux qui ſont natu-
rellement entre lui & le *piriforme,* ſa
préparation eſt preſque faite ; mais
avant que de l'achever, il faut auſſi
dégraiſſer un autre petit muſcle, horiſontalement ſitué, & paralléle au
premier ; ce qui l'a fait nommer *gé-*
meau inférieur. Ces deux muſcles ſont
un peu diviſés par leur extrémité
charnue, puiſque le premier eſt attaché extérieurement à l'épine de l'iſchion, & le ſecond à la tubéroſité
du même iſchion ; mais à meſure
qu'ils vont vers leur attache la plus

mobile, ils s'approchent l'un de l'autre, & font comme collés.

Dans l'intervalle des deux *gémeaux*, on voit un tendon fort blanc, qui femble s'enfoncer fous leur union ; c'eft le tendon d'un muf-cle appellé *obturateur interne*, lequel paffe par-deffus la finuofité de l'ifchion qui lui fert comme de poulie de renvoi.

Pour difféquer ce tendon, il faut féparer les *gémeaux* dans l'endroit où ils font comme collés enfemble ; ce qui fe fait en donnant un coup de fcalpel fur une ligne mitoïenne qui les diftingue l'un de l'autre. Lorf-qu'on a ainfi découvert le tendon de l'*obturateur interne*, on le dégage avec la pointe du fcalpel, des deux *gémeaux;* puis on le fouleve afin de le dégager auffi par deffous, & d'y faire un jour à pouvoir y paffer le doigt.

Deux travers de doigts plus bas

que le *gémeau* inférieur, on voit le muscle *quarré* dont j'ai déja parlé ; mais pour le disséquer, il faut ôter avec circonspection de la graisse qui occupe l'intervalle de ces deux muscles. On saisit cette graisse soit avec les doigts ou avec les pincettes, & on la coupe afin de l'enlever entiérement : on porte même les instrumens jusques sous le *quarré* ; & quand on a enlevé tout ce corps graisseux, on voit un petit muscle dont le tendon monte obliquement, pour s'insérer avec les *gémeaux* & l'*obturateur interne*, dans la cavité du grand trochanter derriére le *piramidal*.

Le petit muscle dont je viens de parler est l'*obturateur externe*, il ne demande d'autre préparation que celle que je viens d'enseigner ; mais on acheve de passer le scalpel sous le muscle *quarré*, & on le laisse attaché à la tubérosité de l'ischion & au grand trochanter. On verra dans l'article suivant la préparation des autres muscles de la cuisse.

ARTICLE XIX.

METHODE

De disséquer & préparer les muf-cles qui servent aux mouve-mens de la jambe.

ON ne peut venir à la préparation des muscles qui entourent le fœmur, qu'on ne les ait auparavant découverts de la peau & de la graisse qui les enveloppe ; & si je ne dépouille pas d'abord une extrémité entiére, de ses tégumens communs, c'est, comme je l'ai déja dit, pour que les aponévroses & les muscles n'aient point le tems de se desécher,

& ne soient par conséquent pas si difficiles à disséquer.

Puisque nous supposons le cadavre couché sur le ventre, il faut commencer l'incision de la peau à la partie la plus inférieure du segment de cercle que j'ai déja décrit, & la continuer jusqu'à la surface postérieure & moïenne de la jambe. On prend ensuite avec les doigts de la main gauche, un des angles de peau qui se trouve à la partie supérieure de l'incision ; si c'est le plus extérieur, on porte le scalpel un peu à plat, afin de couper de derriére en devant, la graisse qui est sur les muscles de la partie postérieure de la cuisse. On ne va pas bien loin de cette façon sans trouver une forte aponévrose, qui semble s'enfoncer entre des masses charnues, pour s'attacher ensuite à une partie d'une ligne osseuse & raboteuse qu'on apperçoit le long de la furface poftérieure du fémur.

L'éleve anatomifte doit toujours foulever la peau & la graiffe pendant qu'il la fépare de cette aponévrofe, fans toucher à cette derniére partie; mais lorfqu'il eft parvenu à la partie externe & antérieure de la cuiffe, il a d'autres précautions à prendre. La premiére eft d'enlever pour lors la membrane qui couvre les mufcles; car on voit bien par fa fineffe, que cette membrane n'eft plus l'aponévrofe du *fafcia-lata* dont nous venons de parler. Mais comme on ne peut pas aller bien loin de cette façon, fans trouver un mufcle très-fuperficiel, il faut, pour feconde précaution, difféquer doucement, afin de ne le pas emporter avec la peau.

Le mufcle dont je veux parler eft le *couturier*, & il eft d'autant plus facile à emporter avec la peau, qu'il paffe en baudrier fur la plus grande

partie des muscles de la cuisse , &
qu'il est lui-même enveloppé par une
gaîne particuliére, qui n'est recou-
verte que de la graisse & de la peau ;
mécanisme d'autant plus curieux, qu'il
fournit aux sçavans , une ample matiére d'expliquer avec beaucoup de
solidité & de brillant , l'action de ce
muscle.

On acheve enfin de soulever la
peau, la graisse, & la membrane fine
qui se trouve sur les muscles de la
surface interne & postérieure de la
cuisse , suivant l'étendue que j'ai donné à la premiére incision ; après quoi
on met le cadavre sur le dos, pour
préparer les muscles qui servent à
l'extension de la jambe , & à la fléxion de la cuisse.

Le premier qui paroît , & qui
semble envelopper la surface externe
de la cuisse , est cette forte aponévrose qui est le tendon du *fascia-lata.*

Pour diſſéquer ce muſcle, on pince le bord antérieur de l'aponévroſe, afin de le ſoulever, & d'avoir plus de facilité à gliſſer le ſcalpel deſſous. On ſépare cette aponévroſe de devant en arriére, & de bas en haut ; de ſorte qu'en montant vers l'aîne, on apperçoit qu'elle eſt continue à un petit muſcle aſſez charnu, qu'on ſépare en deſſous des muſcles qu'il couvre, & qu'on conduit juſqu'à la ſurface extérieure de l'épine antérieure & ſupérieure de l'os des îles. Telle eſt la préparation qui convient an *faſcia-lata* ; mais comme il faut achever la diſſection de ſon aponévroſe, il faut changer le ſcalpel de main, ſoulever l'aponévroſe avec la main droite, & conduire le ſcalpel avec la gauche, afin de ſéparer cette aponévroſe d'une groſſe maſſe charnue que nous appellons le *vaſte externe*, & la laiſſer attachée à la partie externe & supérieure du *tibia.*

Il n'y a qu'une singularité à observer dans la dissection de cette aponévrose, c'est qu'à mesure qu'on la
sépare du *vaste externe*, on est obligé
de suivre la rondeur de ce muscle de
devant en arriére, & de conduire
cette bande tendineuse jusques dans
l'endroit où elle s'enfonce, pour s'attacher à la ligne osseuse & inégale
du fémur, comme je l'ai déja dit.

Le second muscle que nous avons
présentement à disséquer, est le *cou-*
turier : son extrémité supérieure joint
le bord antérieur du *fascia-lata*, &
on ne peut disséquer ce dernier,
qu'on n'ait presque préparé l'extrémité supérieure du *couturier.* La dissection entiére de ce muscle est après
cela très-facile, puisqu'il n'y a plus
qu'à le saisir d'une main, & en passant le scalpel par dessous, on le
sépare de sa gaîne postérieure, de-

puis l'épine antérieure & supérieure de l'os des îles, jusqu'à ce qu'il se soit converti en tendon ; pour lors on le conduit jusqu'à la partie interne & supérieure du tibia, où il s'implante avec plusieurs autres tendons dont nous allons parler, qui sont dans cet endroit enfermés dans sa gaîne, & auxquels il faut faire beaucoup d'attention en disséquant le *couturier*, car on pourroit facilement les couper.

Pour avancer davantage dans la dissection des muscles de la jambe, il faut un peu pousser le *couturier* vers la surface interne de la cuisse, lequel débarrassé de sa gaîne, prête beaucoup en s'allongeant considérablement ; ce qui doit faire sentir aux sçavans & aux vrais mécaniciens, l'usage important de la gaîne de ce muscle. On s'applique ensuite à enlever la surface postérieure de cette gaîne, les graisses & les membranes

celluleufes qui font le long de la partie antérieure de la cuiffe, & l'on découvre, par ce moïen, un beau
mufcle fort long & très-régulier,
qu'on appelle le *droit grêle*, ou le
grêle antérieur.

La diffection de ce mufcle eft
alors plus qu'à moitié faite, & on
l'acheve aifément en le faififfant par
le milieu de fon corps, & en le dégageant par le deffous, d'une maffe
charnue fortement attaché à l'os, &
dans laquelle fa furface poftérieure
eft comme enchâffée. Lorfque l'on
peut paffer le doigt entre le *grêle
antérieur* & la maffe charnue qui
n'eft autre chofe que les *vaftes* & le
crural, on coupe les membranes
celluleufes qui collent ces mufcles
enfemble, & l'on conduit l'extrémité inférieure du *grêle antérieur*,
jufqu'à la partie fupérieure de la rotule, où fon tendon s'implante en fe

confondant avec les *vaftes* & le *crural* dont nous allons parler.

Pour difféquer l'extrémité fupérieure du *droit grêle*, on le fouleve avec une main par fon milieu, tandis qu'avec le fcalpel qu'on tient de l'autre main, on coupe en montant, les petites membranes celluleufes qui le collent avec plufieurs mufcles, & on le conduit en paffant fous l'extrémité fupérieure du *couturier*, jufqu'à l'épine antérieure & inférieure de l'os des ifles, où il s'attache par un tendon affez gros & cependant un peu évafé.

Voilà la feule attache fupérieure que ceux qui ont écrit de l'anatomie jufqu'à la première édition de cet ouvrage, aient reconnu au *grêle antérieur*; mais s'ils s'étoient donné la peine de lever le corps charnu du *fafcia-lata*, & le bord antérieur & inférieur du *moien feffier*, ils au-

roient vû que ce mufcle a une autre
tête ou tendon, beaucoup plus gros,
plus large, plus long & plus confidérable que celui que je viens de décrire, lequel formant un Y avec le
premier, va obliquement & prefque
horifontalement s'attacher fur le
bord fupérieur de la cavité cotiloïde de l'ifchion , en paffant entre
le grand trochanter & la furface
externe de l'épine antérieure & inférieure de l'os des îles. Donc l'on voit
par cette diffection plus recherchée,
une attache, un tendon au *grêle antérieur* qui étoit ignorée & n'avoit
point été décrite avant la premiére
édition de cet ouvrage, & qui peut
beaucoup fervir dans l'explication
des fonctions & du jeu de ce mufcle.

Lorfqu'on a difféqué le *grêle antérieure*, on apperçoit que la furface
antérieure du fémur eft couverte par
deux lignes blanchâtres, à peu près

paralléles, lesquelles sont apparentes le long des surfaces latérales de la masse charnue. Si l'on donne quelques coups de scalpel le long de ces lignes, & qu'on les conduise de chaque côté jusqu'à l'os, on disséque le *vaste externe*, le *crural*, & le *vaste interne*.

Après la dissection des muscles qui recouvrent les surfaces antérieure & externe du fémur, il faut tourner le cadavre sur le ventre, afin de disséquer ceux qui sont placés à sa surface postérieure. Pour n'être point embarrassé dans cette dissection, il faut nétoier & dégraisser plusieurs tendons qu'on voit à quelque distance du bord inférieur du petit muscle *quarré* dont j'ai déja enseigné la préparation; je veux dire qu'ils sont attachés à la partie inférieure de la tubérosité de l'ischion. Le plus extérieur paroît plus entremêlé de fibres charnuës que les autres ; c'est la longue tête du *biceps*.

On faifit cette tête avec les doigts, & on la fépare, de tous côtés, des parties qui femblent l'inveftir ; on y laiffe cependant le tendon d'un autre mufcle qui s'y trouve fi fortement collé & confondu, qu'on ne peut féparer l'un fans chicoter l'autre ; mais lorfqu'on s'eft éloigné de trois ou quatre travers de doigts de la tubérofité de l'ifchion, on voit une ligne de féparation entre ces muf-cles ; pour lors on donne un coup de fcalpel le long de cette ligne, & l'on écarte la longue tête du *biceps*, du mufcle appellé *demi-nerveux*. On continue de foulever cette longue tête, & on la pourfuit jufqu'à ce qu'elle fe confonde dans le milieu d'une maffe charnue où on la laiffe.

Il faut alors s'appliquer à nétoïer la maffe charnue, & à la débarraffer des graiffes, membranes celluleufes, nerfs & vaiffeaux fanguins qui l'en-

vironnent ; puis on la faifit par le milieu de fon corps, qui eft à peu près
l'endroit où la longue tête du *biceps*
fe confond ; & en gliffant le fcalpel
deffous, on la fépare de la partie
poftérieure du fémur, & on la laiffe
attachée par fon extrémité fupérieure, au milieu de la furface poftérieure & externe du même fémur ; & par
fon extrémité inférieure à la partie
fupérieure du péroné ; puis l'on a par
cette manœuvre, achevé la diffection de la courte tête du *biceps*.

Comme en difféquant la longue
tête de ce mufcle, nous avons dega-
gé une bonne partie du *demi-nerveux*,
le refte de fa préparation eft très-
facile, & il n'y a plus qu'à faifir fon
extrémité fupérieure, qui eft confon-
due avec l'extrémité fupérieure de la
longue tête du *biceps* ; la foulever,
& la féparer de tous les côtés, en con-
duifant ce mufcle jufqu'à la partie interne

terne & fupérieure du tibia, où il s'implante par un long tendon enfermé dans la gaîne du *couturier*.

Le *demi-nerveux* ainfi difféqué, fi on l'écarte un peu, on apperçoit un autre mufcle un peu plus plat & plus aponévrotique, lequel eft appellé, en conféquence de cette ftructure, le *demi-membraneux*. Il faut faifir ce mufcle par le milieu de fon corps, le féparer de deux autres mufcles auprès defquels il eft agencé, & comme collé par de fimples membranes celluleufes : on pouffe enfuite cette féparation jufqu'à fon extrémité fupérieure, qu'on trouve attachée à la tubérofité de l'ifchion, fous le tendon du *demi-nerveux* ; puis on conduit fon extrémité inférieure jufqu'à la partie fupérieure interne du tibia, poftérieurement.

PRÉPARATION

De quelques muscles qui servent au mouvement de la cuisse.

POur achever la dissection des muscles qui entourent le fémur, il faut mettre le cadavre sur le dos, & se saisir d'un petit tendon assez grêle qu'on voit à la partie supérieure & interne du tibia, je veux dire, dans le même endroit où nous avons déja conduit les tendons du *couturier* & du *demi-nerveux*. On sépare ce petit tendon de tout ce qui est indépendant de sa substance, & on le conduit jusqu'à son extrémité supérieure, qu'on trouve attachée auprès de la simphise de l'os pubis : telle est la préparation qui convient au *grêle interne*.

Après la dissection de tous ces muscles, il est facile de pouvoir préparer certains muscles destinés aux mouvemens de la cuisse, & dont nous n'avons point encore parlé : ainsi le *grêle interne* disséqué, on doit un peu écarter son extrémité supérieure, & l'on voit une masse charnue très-irréguliére, collée le long de la partie interne du fémur, & divisée par plusieurs lignes. Cette masse charnue est ce qu'on appelle le *triceps*.

Avant de commencer la dissection de ce muscle, il faut enlever des graisses, des membranes & des vaisseaux sanguins qui le couvrent en plusieurs endroits, & principalement les vaisseaux cruraux qui passent sous l'extrémité supérieure du *couturier*. Aïant enlevé ces vaisseaux, on a découvert un petit muscle appellé *pectineus*. On donne un coup de scalpel sur une ligne blanchâtre &

graiſſeuſe qui ſe rencontre entre la maſſe charnue ou le *triceps* dont je viens de parler, & le *pectineus*; on ſouleve un peu ce dernier muſcle, pour le diſſéquer par le deſſous, de façon à y pouvoir paſſer les doigts; & le laiſſant attaché par ſon extrémité ſupérieure, au milieu de la ſurface extérieure du pubis, & par ſon extrémité inférieure au fémur, directement au-deſſous du petit trochanter, ſa préparation eſt faite.

Pour diſſéquer le *triceps*, il eſt bon de ſçavoir que l'on le diviſe en trois têtes, une ſupérieure, une moïenne & une inférieure. La moïenne eſt la plus courte; & comme elle croiſe la ſupérieure, c'eſt par elle qu'il faut commencer. Il faut donc ſaiſir avec les doigts d'une main, cette maſſe charnue qui paſſe obliquement par-deſſus une plus ſupérieure, & en la ſéparant des deux

côtés, & paffant le fcalpel par deffous fon corps, on la laiffe attachée
par fon extrémité fupérieure, à l'os
pubis, au-deffous de la tête fupérieure ; & par fon extrémité inférieure, à la partie interne du fémur,
au-deffus de l'implantation de la
première tête.

Lorfque la courte tête du *triceps*
eft préparée, on la fouleve un peu,
& on donne un grand coup de fcalpel le long d'une ligne qui diftingue
les deux autres têtes l'une de l'autre.

ARTICLE XX.

METHODE

De disséquer & préparer les muscles qui servent au mouvement du pied.

COmme nous nous sommes appliqués à enseigner assez exactement, la maniére de disséquer les muscles du poignet & des doigts de la main, & que ceux du pied ont quelque rapport avec ceux-là, & sont même pour la plûpart, moins difficiles à préparer, nous ne nous étendrons pas fort au long sur les muscles qui exécutent la fléxion & l'extension du pied, & sur ceux qui sont destinés aux mouvemens de ses doigts.

Il faut d'abord les dépouiller de la peau, de la graiſſe & d'une aponévroſe commune qui les enveloppe : on commence pour cela par tourner le cadavre ſur le ventre, & l'on continue l'inciſion poſtérieure de la peau, que nous avons laiſſée au jaret, juſqu'à ce qu'on ſoit parvenu au talon. On prend enſuite avec les doigts d'une main, un des angles de la peau & de la graiſſe, & avec le ſcalpel qu'on tient de l'autre main, on l'enleve de façon que l'aponévroſe y tienne encore.

Une choſe eſſentielle à obſerver dans toutes les diſſections, & de laquelle je n'ai point encore parlé, c'eſt de tourner le tranchant du ſcalpel du côté de la partie qu'on ne veut point conſerver, afin d'avoir le temps en diſſéquant, de connoître ce que l'on travaille. Il eſt encore bon d'obſerver dans cette diſſection ici, que lorſ-

qu'on eſt parvenu à la partie inférieure de la jambe, & à l'externe du
pied, il faut aller doucement, parce
que l'aponévroſe ne couvrant plus
ces parties, la graiſſe étant ſous la
peau en petite quantité, & les tendons étant très-ſuperficiels, on pourroit facilement les couper.

Enfin pour derniére circonſtance
à obſerver, c'eſt de prendre garde
d'enlever avec la peau & la graiſſe,
un ligament tranſverſal dit annulaire,
qui paroît ſur le cou du pied, entre
les deux malléoles.

Après toutes ces précautions, on
faiſit chaque tendon ſur le pied, &
on le diſſéque & ſépare de tout ce qui
le tient, pour ainſi dire, comme
enchaîné depuis le ligament annulaire juſqu'aux endroits des falanges
où il s'attache.

On obſerve ſous les tendons du
long *extenſeur* commun des doigts,

un petit mufcle charnu, divifé en
quatre appendices charnues, chacune defquelles fe termine par un tendon, qui va s'implanter poftérieurement à la furface fupérieure des falanges des quatre premiers orteils.
Pour difféquer ce mufcle, on faifit
avec les doigts ou avec des pincettes,
chaque appendice charnue, & paffant le fcalpel deffous, on la dégage ; puis aïant paffé un doigt ou
les pincettes, fous toutes ces appendices, on dégage le mufcle en deffous, & on le conduit jufqu'aux parties fupérieure & antérieure du calcaneum & de l'aftragal, où eft l'attache la plus fixe du *pedieus*.

Pour difféquer les mufcles qui entourent la jambe, il faut ôter le peu
de graiffe & de membranes qui eft
refté, & l'on apperçoit à la partie
antérieure & inférieure du tibia,
un tendon affez rond : on faifit ce

tendon, & l'on passe le scalpel par
dessous. Quand on l'a dégagé de maniére à pouvoir passer les doigts par
dessous pour l'élever, on donne un
grand coup de scalpel le long des
surfaces moïenne & supérieure du
tibia, auxquelles le *jambier antérieur*
est fortement attaché.

L'on revient ensuite à la partie
inférieure de la jambe, & l'on voit
au-dessus du ligament annulaire, &
à côté du tendon du *jambier antérieur*, un muscle qui paroît en montant, s'enfoncer entre le muscle que
nous venons de disséquer, & un autre muscle appellé le *long extenseur
commun*. Ce muscle est l'*extenseur
propre* du gros orteil : on saisit son
tendon au-dessus du ligament annulaire, & on sépare ce muscle de bas
en haut du *jambier antérieur* ; &
à peine est-on parvenu à la partie
moïenne & inférieure de la jambe,

que ce muscle est enfoncé & caché sous l'union du *long extenseur* des doigts & du *jambier antérieur* ; mais pour séparer ces deux derniers muscles, on donne un coup de scalpel le long de la ligne de séparation.

On vient ensuite à la préparation du *long extenseur* des orteils, que nous avons déja disséqué du côté de sa surface antérieure. On saisit son tendon au-dessus du ligament annulaire, & on le sépare de l'*extenseur propre* du gros orteil ; & tournant le scalpel à plat, on conduit ce dernier muscle jusqu'à la partie inférieure & moïenne du péroné, où son extrémité supérieure s'attache.

On acheve la dissection du *long extenseur*, en donnant un coup de scalpel le long d'une ligne qui le sépare du *court* & du *long péroniers*.

Ces deux derniers muscles sont comme une masse charnue attachée

le long de la surface externe du péroné , diftinguée néanmoins par une
efpéce de ligne fpirale ; ce qui pourroit faire croire que ce feroit deux
maffes : en effet la plus courte eft
appellée le *péronier antérieur*, ou *court
péronier* , dont le tendon paffant derriére la malléole externe , s'implante
poftérieurement à la partie fupérieure
du dernier os du métatarfe. Le tendon du *long péronier* tenant à peu
près la même route , paffe dans la
finuofité du *calcaneum* , & traverfant
obliquement le pied, va s'attacher au
premier os du métatarfe.

Mais une circonftance à obferver
pour la diffection de ces mufcles , eft
d'ouvrir leur gaîne dans toute fa
longueur , & on apperçoit alors deux
tendons : on les débarraffe & les fépare l'un de l'autre, ce qui conduit à
leurs corps charnus qui font très
confondus. On fépare un peu ce

corps charnus, & on voit que le *court* ou *péronier antérieur*, a son attache supérieure, le long de la partie moïenne & inférieure du péroné extérieurement.

PRÉPARATION
Des muscles qui occupent la partie postérieure de la jambe.

Aiant tourné le cadavre sur le ventre, & enlevé toutes les graisses & les membranes qui empêchent de distinguer clairement les séparations de tous ces muscles, on voit à la partie interne du molet de la jambe, une ligne perpendiculaire qui sépare deux masses charnues l'une de l'autre. On enfonce le scalpel sur cette ligne, & en mettant les doigts entre les muscles, à mesure qu'on les sépare, on dissèque ainsi le *gémeau interne*, & on le sépare du *solaire.*

On ne peut beaucoup séparer ce muscle du *solaire*, qu'on n'apperçoive bientôt un petit tendon plat, qui est comme collé sur le *solaire* par des membranes celluleuses. Ce tendon est plus sous le *gémeau interne* que sous l'*externe* ; & quand il est parvenu au défaut de la masse charnue du *solaire*, il se cache le long du bord interne du tendon d'Achile, pour s'insérer avec ce tendon, sur la tubérosité du *calcaneum.* Je ne parle point présentement de la partie supérieure du muscle en question, appellé *plantaire*, parce que nous allons la découvrir en disséquant le *gémeau externe*, ainsi poursuivons la dissection des *gémeaux*, &c.

On voit à la surface externe de ces mêmes masses charnues, une semblable ligne perpendiculaire : on enfonce également le scalpel sur cette

ligne, & l'on sépare le *gémeau exter-*
ne du *solaire.* Les deux *gémeaux* ainsi
séparés, on passe les doigts entr'eux
& le *solaire,* qui est la masse charnue qu'ils recouvrent, puis on les
conduit par en bas, jusqu'à ce qu'ils
soient entiérement confondus avec le
solaire, & en haut, sçavoir le *gémeau*
interne jusqu'à la partie postérieure
& inférieure du fémur, où il est attaché par un fort tendon directement
au-dessus du condile interne. Le
gémeau externe s'attache à peu près
de la même maniére au-dessus du
condile externe : mais ce qu'il y a
à observer en disséquant ce dernier
gémeau, c'est qu'on retrouve le tendon plat du *plantaire* dont nous venons de parler : ainsi pour achever la
préparation de ce petit muscle, il
faut pincer son tendon plat, le conduire en disséquant vers sa partie supérieure ; & l'on découvre bientôt

I iv

un petit corps charnu de figure piramidale, situé obliquement, & dont
la base est attachée au condile externe du fémur, en se joignant au tendon du *gémeau externe.*

Sous le corps charnu de ce muscle
que nous avons nommé *plantaire*, &
que nous disons être situé un peu
obliquement, on voit une masse
charnue aussi située obliquement :
c'est ce qu'on appelle le *poplité.*
Cette masse charnue paroît attachée
par un tendon, à la partie postérieure du condile externe du fémur ; &
son insertion ou attache inférieure, est
par le moïen de fibres charnues, sur
l'angle interne du tibia, en commençant au-dessous de l'attache du
demi-membraneux.

La préparation de ce muscle consiste à le séparer des graisses qui l'environnent, à passer le manche du
scalpel sous le milieu de son corps, &

à laiſſer ſes extrémités aux attaches que nous venons d'aſſigner. Achevons préſentement la diſſection du muſcle *ſolaire.*

Pour ſéparer ce dernier muſcle du *jambier poſtérieur*, il faut bien dégraiſſer le tendon d'Achile, paſſer le ſcalpel deſſous ; & en montant vers la partie ſupérieure de la jambe, on coupe quelques fibres charnues attachées au *tibia*, & des membranes celluleuſes qui le ſéparent du *jambier poſtérieur*, & on le laiſſe attaché par ſon extrémité ſupérieure à la partie moïenne du *tibia*, & à la ſupérieure du *péroné* ; & par l'inférieure, au *calcaneum* qui eſt l'endroit où s'implante le tendon d'Achile.

Si l'on écarte un peu le tendon d'Achile, & par conſéquent le *ſolaire* & les *gémeaux*, on voit deux muſcles couchés l'un ſur l'autre, & diſtingués par une ligne graiſſeuſe : on ſépare ces deux muscles en suivant la ligne commune, & on enleve d'abord le *jambier postérieur*, observant de conduire son tendon jusqu'à l'os scaphoïde ; mais de le laisser attaché par son extrémité supérieure, à la partie moïenne du tibia, du péroné & du ligament entre-osseux.

Le *jambier postérieur* ainsi disséqué, & un peu jetté sur le côté, on voit le *profond* & le *fléchisseur* du pouce : on enleve quelques membranes qui embarrassent les tendons de ces muscles ; & soulevant chaque tendon, on donne un coup de scalpel le long d'une ligne qui distingue ces muscles l'un de l'autre, & on les conduit jusques sous l'attache supérieure du *jambier postérieur*, & leurs tendons jusqu'à l'entrée de la sinuosité du *calcaneum.*

PRÉPARATION
Des muscles qui sont sous la plante du pied.

IL ne nous reste plus qu'à disséquer les muscles qui sout sous la plante du pied. Pour réussir dans cette préparation, il faut ôter la peau & la graisse qui les recouvre. Il est assez mal aisé de donner des préceptes pour cette dissection ; car cette peau étant fort épaisse & fort dure, le meilleur est de faire comme on peut ; de commencer, par exemple, à la partie externe du pied ; d'enlever la peau & la graisse, & de ménager une forte aponévrose qui couvre les muscles qui sont sous la plante du pied.

Lorsqu'on a mis cette aponévrose forte & tendineuse à découvert, on la disséque de cette façon ; on la saisit sur le côté avec des pincettes, puis avec un scalpel bien tranchant qu'on porte à plat, on la sépare des muscles qu'elle recouvre. On conduit cette dissection jusqu'au *calcaneum*, & on la coupe à l'endroit où elle tient fortement à cet os ; puis on prend avec les doigts ce lambeau d'aponévrose, & on le conduit en disséquant, jusqu'à ce qu'on soit parvenu aux doigts, où on le laisse attaché, observant dans ce trajet, de ne pas couper un des tendons du *sublime* qui est adhérant avec l'aponévrose ; & comme on le coupe presque toujours, on s'imagine (ne le voïant point) qu'il n'y doit point être.

Lorsqu'on a bien dégagé cette aponévrose, il faut s'appliquer à enlever des graisses qui sont entre différens plans charnus : on en distingue après cela trois qui font à peu près paralléles ; celui du milieu eſt le muſcle *ſublime*, & ceux des côtés ſont appellés *thénar* & *hipo-thénar*.

L'eſſentiel pour bien diſſéquer tous ces muſcles, eſt d'ôter les graiſ-ſes qui ſont en quantité ; de faiſir chaque plan avec une main, tandis qu'avec l'autre on paſſe le ſcalpel deſſous, & on le laiſſe attaché par ſes extrémités.

En enlevant le *ſublime* on apper-çoit la courte tête du *profond*, & l'on ſe reſſouvient de ce que nous avons dit à la main en parlant de tous les tendons de ces muſcles, des *lombricaux* & des *entre-oſſeux* qui ſont ici les mêmes, & qu'il faut déga-ger & conduire juſqu'à la partie interne du *calcaneum*. A côté de ce muſcle eſt le tendon du *fléchiſſeur*

du pouce, qui fe joint avec le *pro-*
fond.

Refte préfentement à difféquer
quatre petits mufcles qui ont la figure de vers de terre. Ils font appellés *lombricaux*, & femblent
prendre naiffance des tendons du
mufcle *profond.* Leur préparation eft
d'autant plus facile, qu'il n'y a plus
qu'à les pincer, ôter de petites membranes blanchâtres & folliculeufes,
& les dégager.

Ces mufcles & tendons jettés un
peu du côté extérieur, on voit à
l'endroit où les tendons du *fubli-*
me & du *profond* entrent dans les
gaînes des premiéres falanges, un
petit mufcle pofé tranfverfalement.
En ôtant les graiffes qui l'avoifinent,
& aïant paffé le fcalpel fous fon
corps, on a préparé le *tranfverfal*
de la plante du pied.

Tous les muſcles de la plante du pied jettés de côté, on voit quatre petites maſſes charnues auxquelles on ne fait d'ordinaire aucune préparation. Ce ſont les muſcles *entre-oſſeux* du pied.

Fin de la Miotomie humaine.

MIOTOMIE

MIOTOMIE
CANINE

✳✳✳✳✳✳✳✳✳✳✳✳✳✳✳✳✳✳✳✳✳✳✳✳✳✳✳✳✳

TROISIEME PARTIE,

Dans laquelle on fait voir en peu de discours, comment il s'y faut prendre pour disséquer quelques muscles des chiens ; & du paralléle de ces muscles particuliers des chiens, avec ceux des hommes.

CHAPITRE PREMIER.

De la maniére d'enlever la peau des chiens, & de la membrane cutanée connue sous le nom de Panicule charnu.

Omme la façon de disséquer les muscles des brutes, est à peu près la même que celle des hommes, nous ne fatigue-

rons point nos lecteurs par d'en-
nuieuſes répétitions, & nous ne rap-
porterons dans cette troiſiéme partie,
que ce que nous n'avons point trou-
vé dans l'homme, ou ce qui rend
les muſcles des chiens différens de
ceux des hommes, laiſſant à chacun
à faire là-deſſus les réfléxions qu'il
jugera à propos.

La néceſſité abſolue où tous les
chirurgiens ſe trouvent, de ſçavoir
manier les inſtrumens de leur Art
avec une certaine aiſance & un certain agrément, m'a fait naître l'idée
de rapporter la différence des muſcles des chiens de ceux des hommes ;
afin que ceux qui n'ont pas de fré-
quentes occaſions de s'éxercer à la
diſſection ſur des cadavres humains,
puiſſent, par ce paralléle, trouver
de quoi ſe former à la diſſection anatomique, & devenir par ce moïen
capables d'opérer.

Si la premiére & seconde parties de cet ouvrage ont été puisées dans le livre original, la troisiéme ne l'a pas moins été; & quoique la dissection d'un seul chien m'ait fourni ce que j'en rapporte ici, j'avouerai que l'anatomie des brutes n'est pas tant à mépriser qu'on se l'imagine, & je puis assurer que cette premiére anatomie comparée, m'a fait sentir que la dissection des animaux étoit capable de donner de grandes idées des actions animales; & méritoit quelquefois d'être l'amusement & le passe-tems des anatomistes, quand elle ne leur donneroit pas une grande facilité à disséquer avec méthode les cadavres humains, qui doivent toujours être leur objet principal.

Pour commencer la dissection des muscles des chiens, il faut, de même que nous l'avons fait observer à l'égard de l'homme, faire une inci-

K ij

fion à la peau ; la difféquer avec art ;
& mettre les mufcles qu'on peut
voir à découvert. Le jeune chirurgien paffera pour cet effet, une corde
en nœud coulant au tour du coû d'un
chien ; & l'aïant étranglé, il le cou-
chera fur le dos, étendra beaucoup
les pattes, & fera ainfi l'incifion.

Il bandera la peau tranfverfalement avec le grand doigt & le pouce, de la maniére que je l'ai fait obferver au commencement de cet ouvrage ; puis avec un fcalpel qu'il
portera à plat fur le milieu de la poitrine, il coupera cette peau en dé-
dolant ; je veux dire, que la pointe & le tranchant de l'inftrument,
ne tombant pas en ligne perpendiculaire fur le milieu de la poitrine,
mais en ligne oblique, on puiffe voir
par cette obliquité, ce que l'on coupe.

On continue cette incifion tout
le long de la poitrine, du ventre,

& jufqu'au pubis, pour venir enfuite commencer la féparation de la
peau fur le milieu du ventre, où elle
eft très-mince dans cet endroit, &
où le *panicule charnu* eft tout mem-
braneux & fort blanc. Il faut encore
obferver qu'il n'y a point de graiffe
fous cette peau, mais des fibres motrices dont nous allons parler, &
qu'il faut conferver dans leur entier,
ce qui prouve la néceffité qu'il y a
d'enlever la peau des chiens avec
délicateffe & légèreté.

L'incifion longitudinale dont je
viens de parler, étant faite de façon
qu'elle ne pénétre pas au-delà de la
peau, on pince un des bords de cette
peau fur le milieu du ventre, puis
avec un fcalpel bien tranchant, on
la coupe en inclinant le fcalpel pour
travailler fous œuvre, & la détacher
de certaines fibres motrices affez
blanchâtres qu'elle recouvre.

Il faut pourſuivre cette diſſection de devant en arriére, juſqu'à ce qu'on ſoit arrivé aux apophiſes épineuſes des vertébres des lombes & du dos ; mais comme cela ne peut pas ſe faire aiſément, attendu que nous n'avons point recommandé d'inciſion cruciale, comme nous l'avons fait obſerver dans l'homme, il faut en même tems continuer la même diſſection ſur la poitrine, & juſqu'au pubis, & continuer de ſéparer la peau de devant en arriére.

Comme les pattes repréſentent ici le bras & la cuiſſe de l'homme, il faut faire une inciſion le long de la ſurface intérieure de la peau de ces pattes, en détacher la peau de la même maniére que je l'ai recommandé ſur le ventre : il y a cependant quelques obſervations à faire, c'eſt que la peau qui recouvre les épaules, quelques endroits des lombes, les fesses, & les cuisses, est fort adhérente aux fibres motrices qui sont dessous, lesquelles ne sont point ici membraneuses, mais charnues. Ainsi pour détacher la peau avec art, de ces fibres charnues, l'anatomiste doit, en la soulevant, la tirer à lui, & porter le scalpel de façon que son tranchant regarde la peau & non les fibres charnues. On remarque encore en conduisant la peau sur le dos & les lombes, qu'il se rencontre quelques endroits où il y a un peu de graisse ; pour lors la dissection est plus facile, & la peau n'est pas si adhérente aux fibres motrices, soit membraneuses, soit charnues, lesquelles construisent une enveloppe que les Anciens ont appellée *panicule charnu*, & que nous ne remarquons que dans les bruttes.

Après avoir disséqué & enlevé la peau, on voit ce muscle cutané, ou l'enveloppe commune appellé *pani-cule charnu* : il faut auſſi l'enlever avec beaucoup de précaution, afin de mettre à nud les muſcles qu'il recouvre.

On parvient à cette diſſection, en faiſant une légère inciſion longi-tudinale ſur le milieu du ventre, dans laquelle on ne coupe que le *panicule charnu*, qui n'eſt qu'une forte mem-brane dans cet endroit ; puis on ſaiſit avec les pincettes, le bord de ce *pa-nicule charnu*, & avec la pointe du ſcalpel on le ſépare de l'aponévroſe des muſcles du bas-ventre. Il faut conduire cette diſſection de la même façon que celle de la peau, & pren-dre garde de percer cette enveloppe qui eſt très-mince à la partie anté-rieure du ventre & de la poitrine ; mais lorſqu'on vient ſur les côtés, elle devient un peu plus forte : il ſe trouve un peu de graiſſe blanchâtre

entre

entre elle & les muscles qu'elle recouvre, & l'on voit de distance en
distance, de petits faisceaux de fibres charnues qui sont autant de petits muscles, qu'on doit enlever avec
le *panicule*.

En conduisant cette enveloppe
commune ou ce *panicule*, du devant
de la poitrine vers les apophises épineuses des vertébres du dos, on apperçoit (quand on est parvenu à la
partie latérale de la poitrine) qu'il y
a un peu plus de graisse qu'à l'ordinaire, & qu'on enleve un muscle
beaucoup plus charnu que le *panicule*. On ne pousse pas pour lors la
dissection plus loin, mais on s'applique à détacher ce muscle (qui n'est
autre chose que le grand dorsal) du
panicule charnu ; & l'on conduit ainsi
l'enveloppe commune, jusqu'aux apophises épineuses des vertébres du dos
& des lombes, en observant de ne

pas comprendre avec elle, le muscle *grand dorsal* qu'on vient d'apper-cevoir.

S'il arrivoit, comme cela est ordi-naire, que la peau génât pour toutes ces dissections, il faut la couper, & même tout d'un tems découvrir les muscles du coû, de la tête, & la tête même ; ce qui se fait sans beaucoup de peine, d'autant qu'il n'y a pas beaucoup de précautions à prendre.

Après toutes ces dissections, on peut considérer le *panicule charnu*, qui semble prendre naissance, ou, pour parler plus correctement, avoir ses attaches les plus fixes, à toutes les apophises épineuses du dos & des lombes, par une forte membrane tendineuse & aponévrotique, qui est la même dans tout son milieu, & qui va implanter ses attaches les plus mobiles, par deux corps charnus ;

l'un à l'os du coude qui tient lieu d'olécrane, dans la patte antérieure ; & l'autre, dans la patte poſtérieure, à la partie ſupérieure du tibia.

Comme il faut après cela procéder à la diſſection des autres muſcles, on doit couper ces dernieres attaches du *Panicule charnu*, afin de le renver-ſer ſur le dos, & d'appercevoir les lignes qui diſtinguent les muſcles les uns des autres ; mais il eſt bon de faire connoître ici, que ce *panicule charnu* eſt un muſcle particulier aux animaux à quatre pieds, qui a beau-coup d'adhérences avec la peau ; & c'eſt ce muſcle qui la rend mobile à la volonté de ces animaux, comme pour chaſſer les mouches ou autres inſectes qui les piquent.

CHAPITRE II.

Du paralléle des muscles des chiens avec ceux des hommes, & de leur structure particuliére.

IL seroit ennuieux de parcourir dans ce chapitre les muscles des chiens, comme j'ai fait ceux des hommes, & de conduire le jeune chirurgien dans leur dissection, de la même maniére que je viens de le faire à l'égard de la peau & du muscle cutané, appellé le *panicule charnu*. Mais comme il ne faut pas faire une autre manœuvre pour disséquer les muscles des chiens, que celle que nous avons enseignée pour ceux des hommes, je me contenterai de rapporter en peu de mots, la

maniére d'en difféquer quelques-uns,
& de faire fentir la différence ou le
rapport qu'ils ont avec ceux des
hommes.

Je m'attacherai encore à décrire
certains mufcles qu'on trouve dans
ces animaux, & qui manquent dans
les hommes; & fans fuivre régulié-
rement l'ordre que j'ai obfervé dans
ma premiére & feconde parties; je
parlerai des mufcles à mefure qu'ils fe
préfenteront à la diffection.

J'ai dit, en parlant des mufcles
épigaftriques de l'homme, qu'il falloit commencer leur diffection par
leur bord poftérieur; & que dans cet
endroit on voïoit deux couches charnues, pofées l'une fur l'autre, de
façon que la fupérieure étoit plus
éloignée des vertébres, & que l'inférieure en étoit plus près, & dé-
bordoit par conféquent la fupérieure. C'eft le contraire dans le chien,

car aïant enlevé le grand dorſal, comme je l'ai dit dans l'homme, on ne voit que la couche de l'oblique externe, celle de l'oblique interne étant entiérement cachée, & par conséquent moins avancée que la première : c'eſt ce qui fait qu'en enlevant l'oblique externe dans les chiens, on enleve, ſans y prendre garde, l'oblique interne. Pour ne point tomber dans ce défaut, lorſqu'on a un peu détaché la couche de l'oblique externe, il faut la renverſer ; & comme pour lors on apperçoit l'oblique interne, dont la direction des fibres eſt différente, on les ſépare l'un de l'autre, & l'on conduit la diſſection de l'oblique externe comme nous l'avons dit dans l'homme.

L'oblique interne & le tranſverſal ont la même figure que dans l'homme.

Le muscle droit de l'abdomen est enveloppé d'une gaîne comme dans les hommes, mais ses fibres charnues sont beaucoup plus adhérentes à la gaîne dans ces animaux ; & pour le disséquer il faut saisir la gaîne avec les pincettes, & tourner le tranchant du scalpel vers la gaîne. Pour ce qui regarde la construction particuliére de ce muscle, elle ne différe pas de l'homme ; mais les chiens n'ont point de muscles Piramidaux.

Le grand pectoral dans les chiens est tout différent de celui des hommes ; car dans l'homme c'est un muscle raïonné ; & dans les chiens, il est partagé en deux plans charnus en forme de bandes. Le plan supérieur semble naître du premier os du *Sternum*, & descendant obliquement, va s'attacher à la partie interne & supérieure de l'*humerus*. Le second

plan ou l'inférieur est attaché au second os du *Sternum*, au cartilage
xiphoïde, & aux cartilages des fauffes côtes fupérieures ; & montant
obliquement, paffe fous le plan fupérieur qu'il croife confidérablement,
& va s'implanter à la partie fupérieure & interne de l'*humerus*.

Lorfqu'on a coupé ces deux plans
charnus du grand pectoral, par leurs
attaches les plus fixes, & qu'on les a
jettés fur le bras ou patte, on ne
voit point de petit pectoral, mais
l'attache inférieure de la branche
poftérieure du fcalene; qui fe fait à
la 1. 2. 3. & 4. vraies côtes.

Lorfque l'on a enlevé la peau de
la tête du chien, on voit un mufcle
de chaque côté, dont la figure eft
triangulaire. La baze de ce mufcle
eft attachée à la partie fupérieure
des pariétaux, de l'occipital, & des
apophifes épineufes des premiéres

vertébres du coû ; & va fe terminer par un angle à la partie poftérieure de la conque de l'oreille, pour la relever. Pour difféquer ce mufcle, on pince fon côté fupérieur, & en gliffant le fcalpel fous fon corps, on le coupe le long de fa bafe.

Sous le côté inférieur de ce muf-cle, on voit un plan de fibres char-nues, qui, de même que le mufcle précédent, a une figure triangulaire. La bafe de ce mufcle eft attachée à la partie inférieure de l'occipital, & aux épines des vertébres fupérieures du coû ; & va s'inférer à la partie poftérieure & inférieure de la con-que pour la relever. La diffection de ce mufcle eft femblable à celle du précédent.

Lorfqu'on a enlevé ces deux muf-cles, on voit le crotaphite qu'ils couvroient ; il eft très-fort, très-charnu, & d'une figure demi-fphérique. Ses attaches font à peu près comme dans l'homme; mais la force de ce mufcle convient infiniment aux animaux carnaciers qui caffent & brifent les os.

Le mufcle *trapeze* a fes attaches les plus fixes aux apophifes épineu- fes des vertébres fupérieures du dos, à toutes celles du coû, & à l'occi- pital; & fe termine à l'épine de l'omoplate. Sous ce mufcle, on voit le releveur de l'omoplate qui y eft uni; il eft au refte affez femblable à celui de l'homme.

On voit à la partie inférieure du corps charnu du crotaphite, l'atta- che fupérieure du *fplenius*, qui eft dans ces animaux comme tout mem- braneux; mais le *complexus* eft fort charnu, & ne différe point de celui de l'homme.

On voit fous le grand complexus un gros mufcle de chaque côté, d'une figure quarrée : ces muscles peuvent être regardés comme faisant l'office des muscles nommés grands obliques. Ce gros muscle quarré est attaché à toute l'apophise épineuse de la seconde vertébre du coû, & s'implante à l'apophise transversale de la premiére. Ce muscle qui est très-fort, tient lieu ici du ligament destiné pour soutenir la tête dans les bœufs, les ânes & les chevaux.

Les muscles qu'on nomme le petit oblique & le petit droit, sont dans les chiens à peu près comme dans l'homme ; mais ces animaux n'ont point de grand droit.

Le rhomboïde dans les chiens, est tout différent de celui de l'homme : il semble avoir son attache fixe par deux plans de fibres, l'un, des apophises transversales des vertébres inférieures du coû ; & va s'insérer à la partie inférieure de la base de l'omoplate. L'autre plan prend de l'endroit appellé la *Nuque*, par un petit corps charnu fort mince & fort grêle, lequel eſt uni au complexus, & augmente à l'endroit où il commence à s'attacher aux apophiſes des vertébres inférieures du coû, & des quatre à cinq ſupérieures du dos, pour s'inférer à l'angle poſtérieur & inférieur de l'omoplate.

Le petit dentelé poſtérieur & ſupérieur eſt de même que dans l'homme, à la différence néanmoins qu'il s'attache à la 3. 4. 5. & 6. des vraies côtes.

Le muſcle ſterno-maſtoïdien des chiens differe beaucoup de celui des hommes; car dans ces derniers il y a deux muſcles, un de chaque côté, qui ſont attachés à la clavicule & au *ſternum.* Comme les chiens n'ont point de clavicule, & que le premier os du *ſternum*, bien loin d'être échancré, eſt pointu, on voit au ſommet de cette pointe, un corps charnu de figure piramidale, d'un grand pouce de hauteur, & comme divïſé par un tendon mitoïen. La pointe de ce corps piramidal & charnu, eſt attachée ſur la pointe du premier os du *ſternum* ; & ſa baſe qui eſt ſupérieure, forme deux groſſes portions charnues, qui vont s'implanter, en paſſant obliquement ſur la trachée-artére, à chaque apophiſe maſtoïde. En un mot ce muſcle reſſemble très-bien à un V. capital.

L'épiglotte dans les chiens, a un muſcle qui ne ſe rencontre point dans l'homme : il a de même que le précédent, la figure d'un V. Les deux cornes de l'V ſont attachées aux deux cornes de l'os hioïde, puis ces branches s'uniſſant, forment un corps charnu qui s'inſere à la partie ſupérieure de l'épiglotte.

Le muſcle ſous-épineux eſt à peu

près comme dans l'homme ; mais le
fus-épineux en est différent, puisque la partie antérieure de la fosse
fus-épineuse, est occupée par le deltoïde, qui diffère aussi beaucoup de
celui de l'homme, en ce que le deltoïde des chiens n'est, pour ainsi
dire, que comme la portion postérieure du deltoïde de l'homme.

Les chiens n'ont point le muscle
nommé le petit rond, mais leur
grand rond est assez ressemblant à
celui de l'homme, & caché sous la
portion du grand dorsal, qui de l'angle de l'omoplate va au bras.

Les grands dorsal & dentelé sont
ici à peu près les mêmes que dans
l'homme.

Le muscle biceps des chiens est
très-différent de celui des hommes.
Celui des chiens ne devroit point
être connu sous le nom de biceps,
attendu qu'il n'a qu'une tête ; au

refte ce mufcle eft très-beau, & a une aponévrofe comme celui de l'homme.

Les chiens n'ont point de coraco-brachial, ni de brachial interne, & les extenfeurs font femblables à ceux de l'homme.

Le radial externe eft à proportion plus fort que dans l'homme ; & n'aiant qu'une queue, il ne peut être appellé bicornis. Ce mufcle a une aponévrofe à fon extrémité fu-périeure, formée tant par le grand pectoral que par les extenfeurs.

Les chiens n'ont point de mufcle fupinateur, mais leur rond prona-teur, le radial interne, le cubital in-terne, & le cubital externe, reffem-blent affez à ceux de l'homme.

Les extenfeurs des argots font à peu près les mêmes que les exten-feurs des doigts de l'homme, excepté que le chien n'a point de court extenſeur à l'argot qui repréſente le pouce , non plus que de thénar ni de fléchiſſeur. Le ſublime , le profond , les lombricaux , & l'hipothenar ſont à peu près les mêmes.

Pour ce qui eſt des muſcles de la cuiſſe , le Pſoas eſt double , un grand & un petit. Le grand eſt à peu près le même que dans l'homme , & le petit eſt ſitué parallélement au grand ; touche ſon côté interne ; & s'implante par un tendon plat , à la partie ſupérieure de la branche ſupérieure du pubis.

Le *pectineus* eſt plus rond que celui de l'homme , mais le couturier lui eſt aſſez ſemblable.

Le grêle antérieur , ou le droit grêle , differe de celui de l'homme par ſon attache ſupérieure ; car elle prend un peu au-deſſus de la face antérieure de l'os des îles ; & de ſa lévre externe.

Le

Le crural qui est sous le droit grêle, est à proportion de celui de l'homme, beaucoup plus gros, plus élevé, & n'est point du tout enchâssé entre les vastes : son attache supérieure est encore différente, puisqu'elle est à l'épine supérieure & antérieure de l'os des îles.

Le grêle interne des chiens est la même chose que dans l'homme ; mais les triceps sont différens, d'autant que la tête du supérieur est la plus considérable, & ainsi des autres : secondement, parce qu'ils sont tous les trois paralléles, & que dans l'homme le moïen triceps croise le supérieur.

Les chiens n'ont point de fascia-lata, & ils ont un fessier seul & unique, fort court & très-considérable, lequel prend de l'os sacrum, est logé dans toute la cavité de l'os des îles, & s'attache à la partie supérieure du grand trochanter.

Tome I I. M

La figure du piriforme des chiens, approche fort de celle de l'homme, mais fa fituation eft différente, puifqu'il eft couché fur la partie fupérieure du gémeau.

Les chiens n'ont qu'un gémeau qui eft fort confidérable, & comme partagé en deux plans, dont le fupérieur eft attaché à la partie inférieure & externe de l'os des îles, occupant la place du petit feffier de l'homme, que ces animaux n'ont point ; & le plan inférieur eft attaché à l'épine de l'ifchion. Ces deux plans s'uniffent enfemble, & s'inferent comme dans l'homme.

Les obturateurs & le quarré ne différent gueres dans ces animaux, fi ce n'eft que l'obturateur interne eft un peu plus bas que le fort gemeau dont je viens de parler.

Le biceps fléchiffeur de la patte poftérieure, eft un gros mufcle,

fort large par ſa partie inférieure , lequel n'a qu'une tête qui prend de la
partie ſupérieure & latérale externe
du grand trochanter , & s'inſére à
la partie ſupérieure du tibia & du
péroné.

Le demi-nerveux eſt fort petit par
ſa partie ſupérieure ; il ſe joint avec
le demi-membraneux , & s'élargit
conſidérablement pour s'attacher le
long de la ſurface moienne & externe du péroné. Ce muſcle jette
dans cet endroit, une aponévroſe qui
recouvre les muſcles de la jambe.
Le demi-membraneux ne differe
gueres de celui de l'homme.

Les muſcles gémeaux & le ſolaire
ne forment qu'un corps charnu &
fort gros , qui paroît un peu diviſé
en ſon extrémité ſupérieure , parce
qu'il eſt , comme dans l'homme , attaché aux deux condiles. Ce corps
charnu forme enſuite un fort tendon

d'Achile, qui ne s'insere pas au cal-caneum, comme nous l'avons obser-vé à l'homme ; mais qui passe dans une goutiére qui se remarque à l'ex-trémité postérieure du *calcaneum* des chiens, se divise ensuite en qua-tre tendons, lesquels, de même que le sublime dans l'homme, vont s'at-tacher aux falanges des doigts.

Le jambier antérieur, l'exten-seur commun, & le court ou *pedieus* font assez semblables à ceux de l'homme ; de même que les péro-niers qui n'en différent que parce que toute proportion gardée, ils sont plus grêles & plus petits.

Le muscle profond dans les chiens, est différent de celui des hommes, en ce que celui-là n'a point de cour-te tête, ou de masse charnue sous le pied ; mais il a des lombricaux com-me dans l'homme.

Les chiens n'ont point de muscle

ſublime au pied, & le tendon d'A-
chile leur en ſert, comme je l'ai dit
plus haut.

L'argot qui répond au pouce de
l'homme, n'a ni fléchiſſeur, ni extenſeur, ni thénar ; mais ces animaux ont un hipothénar & des entre-oſſeux.

Fin de la Miotomie canine.

MIOLOGIE ABRE'GE'E.

QUATRIE'ME PARTIE,

Dans laquelle on expose une simple dénomination des muscles destinés à mouvoir les différentes parties du corps humain, & leurs véritables attaches.

****

CHAPITRE PREMIER.

Idée générale de la structure du muscle.

RIEN ne seroit plus capable de satisfaire les anatomistes physiciens, qu'une *Miologie* bien raisonnée ; mais parce

qu'un ouvrage fi défiré demanderoit au moins des teintures de mécanique & de géométrie, qui feroient au-deffus de la portée des commençans, je me contenterai d'abord de leur faire connoître le nom des mufcles & leurs véritables attaches, afin de les mener comme par degrés, vers une inftruction plus folide.

Le mufcle en général eft une maffe fibreufe, compofée de petits filets rougeâtres, qu'on connoît fous le nom de *chair*, dont les extrémités font pour l'ordinaire blanchâtres, & pour lors appellées *Tendons* ou *Aponévrofes* : le tout étant recouvert d'une membrane ou enveloppe particuliére, eft l'organe du mouvement.

Les fibres rougeâtres ou charnues étant feules fufceptibles de contraction, & conféquemment feules l'organe du mouvement, ne manquent jamais au mufcle ; mais les fibres

fibres tendineuses manquent quelquefois.

Les fibres charnues sont placées
dans les muscles par faisceaux, &
chaque faisceau est enfermé dans une
cloison particuliére ; mais les cloi-
sons, & par conséquent les faisceaux,
sont unis par un tissu cellulaire, &
le tout est, comme je l'ai déja dit ,
recouvert d'une envelope.

La fibre charnue est la fibre *mo-
trice*, & conséquemment seule, comme je viens de le dire , l'organe du
mouvement. Sa structure n'est pas
encore bien connue : les uns la
croient cellulaire , les autres vésicu-
laire, & d'autres spongieuse. Tout
ce que nous sçavons de plus certain
là-dessus, c'est qu'elle est la seule
partie du muscle qui soit capable de
contraction ; la fibre *tendineuse* ne
prêtant point , pour ainsi dire , ou
s'allongeant très-peu , & même à

force d'être tirée ; mais elle se remet seulement par son ressort, dès que la contraction des fibres charnues cesse.

On s'imagineroit par la définition que nous avons donnée du muscle, que la fibre tendineuse se trouvant aux extrémités de la fibre charnue, devroit aussi se trouver sous la même ligne, c'est cependant ce qui n'arrive que rarement ; car souvent les portions tendineuses forment des angles avec les charnues.

Les fibres charnues ne font pas de la même longueur dans tous les muscles, car il arrive quelquefois qu'elles font aussi longues que le muscle même, & d'autres fois très-courtes.

Quand les fibres charnues font aussi longues que le muscle, elles vont toutes droites, & font en petit nombre ; pour lors le muscle n'est pas fort, & son mouve-

rhent a une grande étendue, comme
nous l'obfervons à la plûpart des
mufcles du bas ventre, au *couturier*,
&c. Quand les fibres charnues font
courtes, elles vont obliquement fe
jetter fur le tendon, & font comme
autant de mains qui feróient appli-
quées le long d'une corde ; d'où l'on
conçoit que ces fibres doivent occuper peu de place, fe trouver en grand
nombre, & par une fuite néceffaire,
les mufcles qui font ainfi conftruits,
doivent avoir une force confidérable.
Le *fléchiffeur* du pouce eft un de ces
mufcles.

Le tendon, comme je l'ai déja
dit, eft la continuité du mufcle, de
même que l'aponévrofe. Cela s'en-
tend des mufcles qui ont tendon ou
aponévrofe ; car quoique pour l'ordinaire les mufcles aient deux ou
plufieurs tendons, il y en a d'autres
qui n'en ont aucun, ou qui n'en ont

qu'un feul ; mais il n'y a point de mufcle fans fibres charnues, c'eft fa partie effentielle ; & les tendons ne fervent qu'à allonger le mufcle, & à ménager l'efpace ou le terrain.

Les mufcles font regardés en général comme fimples ou comme compofés. Les fimples font ceux dont les fibres font toutes droites, & vont d'une extrémité du mufcle à l'autre. Les compofés au contraire font ceux dont les fibres charnues font rangées en forme de plume & à contre-fens. On appelle ces fortes de mufcles *penniformes*.

Il y a encore une autre forte de mufcles compofés, comme font les *digaftriques*, les *biceps*. Les *bicornis*, *tricornis* font de ce nombre, & font ceux qui ont leur extrémité inférieure fourchue.

Les mufcles tirent leurs noms de bien des chofes.

1°. De leur volume, comme *grand*, *petit*, *grêle*, &c.

2°. De leur figure, comme *triangulaire*, *scalene*, *deltoïde*, &c.

3°. De leur direction, comme *droit*, *oblique*, *transversal*, &c.

4°. De leur situation, comme *supérieur*, *inférieur*, *antérieur*, *postérieur*.

5°. De leur structure en simples ou composés.

L'action du muscle consiste dans le racourcissement, & ce n'est que la portion charnue qui est capable de se racourcir. La difficulté est de sçavoir comment la fibre charnue peut se racourcir : c'est une matiére qui a exercé beaucoup de grands esprits, & de grands physiciens ; & leurs productions nous ont à la vérité laissées de fort belles idées, mais peu de vérités absolument convaincantes.

Sans infifter donc davantage fur
le racourciffement de la fibre charnue, je dis que l'ufage du mufcle en
général, eft de mouvoir les différentes parties, foit dures, molles ou
fluides, foit par leurs attaches ou
par compreffion; mais comme nous
l'avons déja infinué dans notre *Mio-*
tomie, c'eft une erreur de vouloir
borner les mufcles à mouvoir une
feule partie, & d'une feule façon;
car les mufcles attachés par une de
leurs extrémités à un levier quel-
conque, pour le mouvoir de la façon connue, peuvent être fixés par
cette attache; pour lors le levier qui
donne attache à l'autre extrémité du
mufcle, fera refpectivement mis en
mouvement : & c'eft de cette maniére que le coude roule fur le bras,
& refpectivement le bras fur le coude.

Cette régle n'a cependant lieu que
dans les mufcles qui font attachés

par leurs extrémités aux parties dures ; car lorsqu'une des extrémités du muscle, par exemple, est attachée à quelque partie molle, cette derniére ne peut jamais être fixée au point de pouvoir obliger l'extrémité du muscle attachée à la partie dure, à s'approcher d'elle, je veux dire de la molle.

On ne fait peut-être point d'attention sur ce qui a pu donner cette mauvaise idée, de borner les muscles à une seule action ; c'est justement la mauvaise division que l'on a coutume d'en faire, en *tête* ou *origine*, en *ventre*, & en *queue* ou *insertion*. Ne voilà-t-il pas une généalogie prouvée ? De bonne foi les parties d'un même corps peuvent-elles se donner des origines les unes aux autres ; & n'ont-elles pas été toutes fabriquées dans le même instant ? Voilà pourtant ce qui a fait borner chaque muscle à une seule action, & ce qui a porté à croire que la queue du muscle devoit toujours s'approcher de son origine.

Presque tous ceux qui s'appliquent actuellement à former des éleves, reconnoissent cette vérité; cependant comme ils se sont faits une routine des *origines* & des *insertions* des muscles, ils disent que c'est pour parler le langage des anatomistes : comme si l'on devoit avoir honte de se corriger des fautes que l'on se montre les uns les autres ; ou comme s'il étoit permis aux anatomistes de parler un langage qui n'annonçât pas la vérité, & qui laisse tranquillement à l'esprit de fausses idées.

Pour éviter ces fautes, je continuerai, comme je l'ai enseigné il y a plus de vingt-cinq ans dans les cours particuliers d'anatomie que j'ai

fait, & publiquement dans la premiére édition de ma *Miotomie*, à diviser le muscle en corps ou ventre,
& en extrémités ; & je désignerai
quelquefois les extrémités par *supérieure* & *inférieure*.

Pour terminer enfin les notions
générales que je donne ici des muscles, je dis que quand plusieurs concourent à la même action, ils sont
appellés *congéneres* ; que ceux au
contraire qui font des actions oppo-
sées, sont appellés *antagonistes* ; &
ceux qui favorisent, qui dirigent,
ou qui déterminent une action, sont
nommés *auxiliaires.*

Les mouvemens combinés sont
quand plusieurs muscles concourent
successivement à la même action sans
être congéneres, comme on le remarque dans le mouvement de *fronde.*

Le mouvement *tonique* est quand
le membre est dans une action qui

tient de la fléxion & de l'extension,
tout à la fois, comme par exemple,
quand les fléchisseurs & les extenseurs du poignet se contractent en
même tems.

CHAPITRE II.

Des attaches des muscles qui font mouvoir la peau du front & du derriére de la tête.

LA peau du front, de même que
celle du derriére de la tête, est
froncée & comme ridée par le moïen
de deux paires de muscles. La premiere, qui sont les *frontaux*, a ses attaches inférieures par des fibres charnues à la partie inférieure du coronal, & même à l'apophise zigomatique. Les fibres de ce muscle en
montant, s'attachent par gradations

à la peau du front ; & les plus longues forment une aponévrofe qui
recouvre la tête.

La feconde paire, qui font les *occi-*
pitaux, a fes attaches inférieures, à
une ligne tranfverfale qu'on obferve
à la partie moïenne de l'occipital,
& même à la racine de l'apophife
maftoïde. Les fibres de ce mufcle en
montant, s'attachent auffi par gradations, à la peau du derriére de la
tête ; & les plus longues forment une
aponévrofe qui fe joignant avec celle
des *frontaux*, produifent enfemble
une calotte aponévrotique, qui recouvre une bonne partie des mufcles
crotaphiques, & toute la partie fupérieure de la tête.

Des muscles de l'oreille externe.

LA conque de l'oreille paroît dilatée par trois muscles qui font fort petits dans l'homme, & qui varient fouvent : voici cependant comme ils font ordinairement fitués.

Celui qui eft nommé le mufcle *antérieur* de l'oreille externe, eft fitué entre l'apophife zigomatique & le conduit cartilagineux de l'oreille : il eft attaché par fon extrémité la plus éloignée de l'oreille, ordinairement à une aponévrofe qui fe trouve à la racine de l'apophife zigomatique ; & l'autre extrémité eft un petit tendon qui s'attache au conduit cartilagineux de l'oreille.

Le fecond mufcle eft appellé le *poftérieur* & *fupérieur* de l'oreille externe. Ce font des fibres charnues qui femblent prendre naiffance de l'aponévrofe des mufcles *frontal* & *occipital ;* & étant réunies forment un tendon plat qui s'attache à la partie fupérieure de la conque.

Le troifiéme qui eft le *poftérieur-inférieur*, eft pour l'ordinaire attaché à l'apophife maftoïde, & quelquefois auffi au tendon du *fterno-maftoïdien ;* & de l'autre part à la partie poftérieure de la conque.

Voilà les mufcles externes de l'oreille que l'on démontre ordinairement, mais dans les adultes il y en a quelques autres dont nous avons parlé dans la miotomie.

Des mufcles des paupiéres & des yeux.

LEs paupiéres font leurs mouvemens par trois mufcles, un qui appartient uniquement à la paupiére

supérieure, l'autre à la paupiére inférieure, & le troisiéme est commun
aux deux paupiéres.

Le premier de ces muscles appellé
le *releveur* de la paupiére, a ses attaches postérieures au fond de l'orbite,
au-dessus du trou optique ; & ses attaches antérieures sont par une large
aponévrose, le long du bord de la
paupiére supérieure, depuis un angle
jusqu'à l'autre.

Le second que M. *Heister* appelle
l'*abbaisseur* de la paupiére inférieure,
n'est qu'un plan de fibres charnues ;
quelqufois plus mince, & quelquefois plus épais : il est attaché à la
peau des joues, & quelquefois à l'os
de la pomette ; & de l'autre part il
s'attache à la partie inférieure du
muscle orbiculaire. Ce muscle tire la
paupiére inférieure en dehors quand
on ouvre l'œil.

Le troisiéme est commun aux deux

paupiéres ; il s'appelle l'*Orbiculaire*
ou le *constricteur* des paupiéres. Ses
attaches solides ne paroissent presque point lorsqu'il est découvert,
puisqu'il forme une ovale qui paroît
couché sur des graisses ; mais lorsqu'on le disséque exactement, on le
voit attaché par un tendon avoisiné
de fibres charnues, à l'angle supérieur
de l'os maxillaire : il a de plus des
attaches à l'os de la pomette, vers
l'endroit où il se joint au coronal, &
quelques légeres adhérences à la circonférence de l'orbite. Les attaches
mobiles de ce muscle sont autour des
deux paupiéres, pour les fermer éxactement.

L'œil a six muscles, quatre droits
& deux obliques. Ces muscles ont
encore différens noms par rapport à
leur situation & à leur usage ; car le
premier des droits est appellé *superbe* ;
son antagoniste est dit l'*humble* ; le

troisiéme *buveur* ou *liseur* ; & le quatriéme *dédaigneur* ou le *courroussé.* Les deux obliques sont aussi appellés les *amoureux.*

Les quatres muscles droits de l'œil n'ont pas leur attache postérieure à la circonférence du trou optique , comme on a coutume de le dire , puisque quand on casse avec art les os qui composent ce trou, on ne touche nullement aux muscles , mais on les voit enfermés dans le prolongement de la dure-mere qui passe par ce trou & va tapisser l'orbite ; ainsi leur attache postérieure est à l'endroit de ce prolongement qui passe par le trou optique ; & leur extrémité antérieure forme une aponévrose qui s'attache à la partie antérieure de la cornée opaque, dans l'endroit où elle se joint avec la cornée transparente ; sçavoir le *superbe* ou le *releveur* à la partie supérieure ,

l'humble

l'*humble* ou l'*abbaiſſeur* à l'inférieure,
& les deux autres ſur les côtés.

Les muſcles obliques ſont deux,
un grand & un petit. Le *grand oblique* a ſon attache poſtérieure au
prolongement de la dure-mere qui
paſſe par le trou optique : il forme
enſuite un tendon grêle & fort long
qui paſſe par un anneau cartilagineux, nommé *troclée* ou poulie, ſitué au grand angle de l'œil ; & s'attache preſqu'à la partie poſtérieure
de la cornée opaque, derriére le
releveur.

Le *petit oblique* a ſon attache antérieure ou la plus fixe dans la partie
inférieure de l'orbite, à côté du
conduit nazal ; & couché obliquement ſous l'humble, il s'attache à
la partie externe de la cornée opaque.

CHAPITRE III.

Des attaches des muscles de la face, & premiérement de ceux qui appartiennent aux sourcils.

LEs sourcils sont abbaissés, & réciproquement approchés l'un de l'autre, par deux petits muscles appellés *sourcilliers*, un de chaque côté : ils ont leur attache fixe au milieu de la partie inférieure & antérieure du coronal, aux deux côtés de l'apophise nazale, directement à l'endroit où cet os se joint avec les os du nez ; & leur attache mobile est le long de la partie interne de chaque sourcil.

Des muscles du nez.

LE premier des muscles du nez est le *piramidal*. Il a ses attaches supérieures à la partie inférieure du coronal, à l'endroit des *sourciliers* avec lesquels il paroît continu, de même qu'aux muscles *frontaux* desquels il est une expension. Ses attaches inférieures sont solidement au rebord inférieur de l'os du nez ; & à peine y voit-on quelques fibres aponévrotiques qui se répandent sur les cartilages supérieurs du nez : d'où l'on doit conclure que si ce muscle releve le nez, ce ne peut être que très-foiblement.

Le second des muscles du nez est le *mirtiforme* : il paroît attaché par une de ces extrémités au muscle incisif ; cependant quand on le dissèque avec soin, on voit que ses fibres s'enfoncent, & font attachées à l'os maxillaire vers le fond de l'alvéole de la dent canine. L'autre extrémité de ce mufcle, eft une large aponévrofe qui s'attache au cartilage inférieure du nez pour le dilater.

Des mufcles des lévres.

LEs lévres ont des mufcles particuliers à chacune, & d'autres qui font communs à toutes les deux.

La lévre fupérieure eft portée en haut, & approchée des dents par les deux *incififs*, un grand & un petit. Le *grand incifif* a fes attaches fupérieures par deux branches qui ont affez la figure d'un Y, fçavoir, la branche intérieure à l'angle fupérieur de l'os maxillaire, & la branche extérieure au milieu du bord inférieur de l'orbite. Ces deux branches ne forment qu'un corps qui fe confond avec l'orbiculaire des lévres, vis-à-vis les dents incifives.

Le *petit incifif*, ou l'incifif de *Cowper*, Chirurgien & très-célébre Anatomifte Anglois, a fes attaches fixes à l'os maxillaire au-deffus des dents incifives ; & fon attache mobile eft à la partie interne de la lévre fupérieure , pour l'approcher des dents.

La lévre fupérieure eft abbaiffée par un mufcle de chaque côté appellé *triangulaire*. Ses attaches inférieures & les plus fixes, font à la lévre, externe de la baze de la machoire inférieure ; & fon attache mobile eft à la jonction des deux lévres.

La lévre inférieure eft portée en haut, & approchée des dents inférieures par deux mufcles qui font le *canin* & l'*incifif* inférieur de *Cowper*.

Le *canin* a fon attache fupérieure & fixe au maxillaire fupérieur vers le fond de l'alvéole de la dent canine ; puis il se termine à la lévre inférieure en passant ses fibres par la jonction des deux lévres.

L'*incisif* inférieur de *Cowper*, a ses attaches fixes à l'os de la machoire inférieure, au-dessous des dents incisives ; puis il se termine à la surface intérieure de la lévre inférieure, pour l'approcher des dents inférieures.

La lévre inférieure est abbaissée par le *quarré* qui est une masse charnue attachée d'une part à la partie inférieure du menton, & de l'autre au muscle orbiculaire des lévres.

Outre ces muscles qui sont, comme je l'ai déja dit, particuliers à chaque lévre, il y en a ordinairement cinq, & quelquefois sept qui sont communs aux deux lévres, sçavoir deux ou trois paires & un impair. La premiere paire sont les *buccinateurs* : ces muscles ont leurs attaches fixes à la furface extérieure des deux machoires, tout auprès des dents molaires, & fe terminent au mufcle impair ou *orbiculaire*, à l'endroit de la jonction des lévres, afin de les tirer non-feulement fur les côtés, mais de jetter les alimens fous les dents.

La feconde paire de mufcles communs aux deux lévres, font les *zigomatiques* qui font attachés d'une part au *zigoma*, & de l'autre, à la jonction des deux lévres, pour les porter obliquement en haut.

La troifiéme paire, quand elle fe rencontre, font les *petits zigomatiques*, qui font attachés d'une part à l'endroit le plus faillant de l'os de la pomette & à l'orbiculaire de l'œil, & de l'autre part à la lévre fupérieure pour la tirer en haut & à côté. Voiez la *Miotomie*.

Enfin le mufcle impair eft l'orbi-

culaire. Ses fibres sont circulaires, & semblent se terminer aux deux angles des lévres. L'action de ce muscle est de froncer & retrécir la bouche.

CHAPITRE IV.

Des attaches des muscles qui servent à mouvoir la machoire inférieure.

LA machoire inférieure est approchée de la supérieure par trois paires de muscles, qui sont les *crotaphites*, les *masseters*, & les *ptérigoïdiens* intérieurs.

Le *crotaphite*, autrement dit le *temporal*, dont les fibres sont raïonnées, a ses attaches supérieures à la partie latérale externe du coronal ; à la partie inférieure du pariétal ; à l'os des tempes, & à l'apophife plate de l'os fphénoïde : il paffe enfuite fous le *zigoma* pour embraffer & implanter fes fibres tendineufes, dans l'apophife *coronoïde* de la machoire inférieure.

Le fecond eft le *maffeter* dont les fibres femblent être deux différens plans croifés. Le plan externe eft attaché d'une part à la partie inférieure de l'os de la pomette ; & de l'autre à la furface externe de l'angle de la machoire : le plan interne s'attache d'une part au *zigoma*, & de l'autre, à la furface externe de l'angle de la machoire inférieure, un peu au-deffus du précédent.

Le troifiéme eft le *ptérigoïdien interne*, dont l'attache fixe eft dans la foffe ptérigoïdienne ; & la mobile eft à la furface interne de l'angle de la machoire inférieure.

La même machoire eft abbaiffée

par une feule paire de mufcles, qui font les *digaftriques*. Ce mufcle a fon attache poftérieure dans la raînure maftoïdienne par un corps charnu ; il forme enfuite un tendon qui paffe dans l'écartement de quelques fibres du *ftilohioïdien*, & fon fecond ventre forme fon attache antérieure à la partie interne & inférieure du menton près fa fimphife.

Le *peaucier* qu'on a coutume de joindre à ce mufcle, n'eft nullement en contraction dans le tems qu'on baiffe la machoire, mais bien quand on fait des grimaces ; d'où l'on conclud qu'il ne peut fervir à abbaiffer la machoire inférieure. Ses attaches inférieures font au *fternum*, à la clavicule & à l'*acromion* ; & les fupérieures font en partie à la lévre externe de la machoire inférieure, & en partie à la peau du vifage.

Enfin la machoire inférieure eft

portée en-devant par les *ptérigoïdiens
externes*. L'attache antérieure de ce
muscle est à la surface externe de
l'aîle externe de l'apophise ptérigoïde ; & la postérieure est dans une
petite cavité qui se trouve à la surface antérieure du condile de la
machoire.

CHAPITRE V.

*Des attaches des muscles qui
servent à mouvoir l'os hioïde.*

Cinq paires de muscles font
mouvoir l'os hioïde. Les deux
premiéres paires qui font les *milo-
hioïdiens* & les *géni-hioïdiens* , font
couchées l'une sur l'autre pour le
tirer en-haut.

Le *milo-hioïdien* est attaché d'une
part à la lévre interne de la machoire, depuis les dents molaires jufqu'à la simphise ; & de l'autre part

à la partie fupérieure de la bafe de
l'os hioïde.

Le *géni-hioïdien* a fes attaches
d'une part au côté de la fimphife
du menton intérieurement ; & de
l'autre part à la partie fupérieure de
la bafe de l'os hioïde.

L'os hioïde eft porté obl iquement
en haut par le *ftilo-hioïdien.* Ce mufcle a fon attache fixe à l'apophife
ftiloïde , & la mobile eft à la corne
& à la bafe de l'os hioïde.

L'os hioïde eft tiré directement
en bas par le *fterno-hioïdien* , dont
l'attache eft d'une part au *fternum*
& à la clavicule , & de l autre à la partie inférieure de la bafe de l'os hioïde.

Enfin l'os hioïde eft tiré obliquement en bas par le *cofto-hioïdien* ,
dont l'attache inférieure eft à la côte
fupérieure de l'omoplate ; & la fupérieure à la partie inférieure & latérale de la bafe de l'os hioïde.

CHAPITRE VI.

Des attaches des muscles qui font mouvoir la langue.

LA langue est un corps composé de trois différentes sortes de fibres motrices, c'est pourquoi elle a certains mouvemens particuliers à ces différentes fibres ; mais le corps entier de la langue est mû par quatre paires de muscles.

La langue est tirée hors la bouche par le *génio-glosse*, dont l'attache fixe est au milieu de la simphise du menton, au-dessus du *génio-hioïdien* ; & la mobile est au-dessous de la langue, depuis sa racine jusqu'au filet.

La langue est tirée sur le côté par le *stilo-glosse*, dont les attaches sont d'une part à l'apophise stiloïde, &

de l'autre au côté de la racine de la langue.

La langue est tirée en dedans & à côté par les deux muscles suivans. Le premier est le *basio-glosse*, qui est attaché d'une part à la partie supérieure de la base de l'os hioïde, & de l'autre au côté de la racine de la langue.

Le second est le *cerato-glosse*. Ses attaches sont d'une part à la corne de l'os hioïde, & de l'autre au côté de la racine de la langue.

(✶✶✶✶✶✶:✶✶✶✶✶✶)

CHAPITRE VII.

Des attaches des muscles qui font mouvoir le larinx.

COMME le Larinx est composé de plusieurs cartilages, que tout le Larinx est mû à la fois, &

chacun de ses cartilages en particulier, on a divisé les muscles de cette partie en communs & en propres ou particuliers. Les premiers sont pour tout le corps du larinx, & les seconds servent aux mouvemens particuliers des cartilages.

Le premier des muscles communs est le *hio-tiroïdien*. Ses attaches sont d'une part à la partie inférieure & latérale de la base de l'os hioïde; & de l'autre à la partie inférieure & latérale du cartilage tiroïde, pour porter le larinx en haut.

L'antagoniste de ce muscle est le *sterno-tiroïdien* ou *bronchique*, ainsi nommé parce qu'il est couché tout le long de la trachée-artére de chaque côté. Ses attaches sont d'une part à la partie supérieure du *sternum*, & postérieure interne de la clavicule; & de l'autre part à la surface latérale externe du cartilage tiroïde.

Les muscles propres ou particuliers aux différens cartilages du larinx font en plus grand nombre : on en conte ordinairement cinq paires.

La première paire font les *crico-thiroïdiens antérieurs* , quoiqu'ils foient fitués en partie extérieurement. Leur attache eft d'une part à la partie antérieure du cartilage cricoïde ; & de l'autre à l'aîle du cartilage tiroïde.

La deuxiéme paire font les *crico-ariténoïdiens* poftérieurs , dont l'attache eft d'une part à la partie poftérieure & inférieure du cartilage cricoïde ; & de l'autre à la partie fupérieure & poftérieure de l'ariténoïde.

La troifiéme paire font les *crico-ariténoïdiens* latéraux , dont l'attache eft d'une part au bord de la partie inférieure & latérale du cricoïde ; & de l'autre à la partie latérale & fupérieure de l'ariténoïde. Ces trois paires de mufcles fervent à la dilatation du larinx.

La quatriéme paire font les *thiro-ariténoïdiens*, dont l'attache eft d'une part à la furface interne & cave du tiroïde ; & de l'autre part à la partie latérale du cartilage ariténoïde.

La cinquiéme paire font les *ariténoïdiens*, dont l'attache eft d'une part à la partie poftérieure & fupérieure du cartilage cricoïde, latéralement ; & de l'autre à la partie poftérieure & fupérieure de l'ariténoïde.

Il y a trois petits mufcles pour l'épiglote qui ne fe voient que dans les cadavres humains bien charnus, mais très-diftinctement dans le bœuf. Voiez l'article VIII. de la Miotomie, à la fin de la préparation des mufcles du larinx.

CHAPITRE VIII.

Des attaches des muscles qui font mouvoir le pharinx.

LE Pharinx eſt dilaté par cinq & quelquefois ſix paires de muſcles, & un impair qui le reſſerre.

Le *céphalo-pharingien* eſt le premier de ſes muſcles. Son attache poſtérieure eſt à des inégalités qui ſe trouvent à l'apophiſe antérieure de l'occipital ; & l'antérieure beaucoup plus évaſée, eſt à la partie poſtérieure & ſupérieure du pharinx.

Le ſecond eſt le *ſphéno-pharingien,* dont l'attache ſolide eſt en partie à l'os ſphénoïde, & en partie à la portion cartilagineuſe de la trompe d'Euſtache. Son extrémité mobile s'étant

épanouie, s'attache à la partie postérieure & supérieure du pharinx.

Le troisiéme est le *pétro-pharin-
gien.* Son attache supérieure est à
des inégalités qui sont au bas de l'a-
pophise pierreuse ; & l'inférieure à
la partie supérieure & latérale du
pharinx, en s'épanouissant. Ce muscle manque quelquefois.

Le quatriéme est le *glosso-pharin-
gien.* Il est attaché d'une part à la
partie supérieure & latérale de la
racine de la langue ; & de l'autre
part à la partie supérieure & latérale
du pharinx.

Le cinquiéme est le *milo-pharingien.*
Son attache la plus solide se fait par
un plan assez large aux alvéoles des
derniéres dents molaires ; & son extrémité mobile s'attache à la partie
supérieure & latérale du pharinx.

Le sixiéme est le *stilo-pharingien,*
dont l'attache fixe & la plus supé-

rieure, eſt à l'apophiſe ſtiloïde ; &
la mobile & la plus inférieure, à la
partie latérale du pharinx.

Tous ces muſcles relevent & dila-
tent de tous les côtes le pharinx ;
mais il eſt reſſerré par un muſcle appellé *œſophagien*, qui n'eſt autre
choſe que pluſieurs faiſceaux de fibres charnues demi-circulaires, dont
le pharinx ſe trouve recouvert. Ce
muſcle paroît même entre-coupé par
des lignes tendineuſes, qui ont porté
pluſieurs auteurs à le diviſer en cinq
muſcles, auxquels ils ont donné différens noms ſuivant les différentes
parties de l'os hioïde, de ſes cornes,
ligamens, &c. où ils s'attachent.

CHAPITRE IX.

Des attaches des muscles qui servent à la cloison du palais & à la luette.

TRois paires de muscles servent aux mouvemens de la cloison du palais.

Le premier est le *péristaphilin interne*, dont l'attache est d'une part aux portions osseuses & cartilagineuses de la trompe d'Eustache ; & de l'autre part, à la cloison du palais.

Le second est le *péristaphilin externe*. Ses attaches sont d'une part à l'apophise épineuse du sphénoïde, aux inégalités du conduit osseux de la trompe, & le long de l'aîle interne de l'apophise ptérigoïde ; puis son tendon paſſe autour du petit crochet offeux qu'on voit à l'extrémité de cette aîle, pour ſe terminer à la cloiſon près de la luette. Ce muſcle tire la cloiſon vers le petit crochet oſ-ſeux, & par conſéquent en devant.

Le troiſiéme muſcle eſt le *gloſſo-ſtaphilin*, qui eſt attaché d'une part à la racine de la langue ou plutôt à ſa baſe ; & de l'autre au côté de la cloiſon.

La luette eſt racourcie par deux paires de muſcles. Les premiers font les *palato-ſtaphilins*, dont l'attache ſupérieure & fixe, eſt à la pointe oſſeuſe des deux os du palais ; & l'ex-trémité inférieure compoſe en partie le corps de la luette.

Le deuxiéme muſcle eſt le *kerato-ſtaphilin*. Son attache ſolide eſt au crochet offeux de l'aîle interne de l'apophiſe ptérigoïde, & la mobile ſe perd dans la luette.

CHAPITRE X.

Des attaches des mufcles qui font mouvoir la tête.

L A tête eft véritablement fléchie par trois paires de mufcles. Le premier eft nommé le *grand droit antérieur*. Ses attaches inférieures font aux apophifes tranfverfales de la 6, 5, 4, & 3 vertébres du coû; il monte enfuite obliquement de dehors en dedans couché fur la partie latérale du long fléchiffeur du coû; pour s'implanter fur l'occipital au-deffus de fes condiles.

Le fecond eft le *petit droit antérieur*. Son attache inférieure eft au côté de l'éminence antérieure de la première vertébre qui tient lieu de son corps ; & la supérieure est à l'occipital, tout près de l'attache supérieure du *grand droit* fléchisseur dont nous venons de parler.

Le troisième est l'*oblique antérieur* de la tête. Son attache inférieure est au bord antérieure de l'apophise transversale de la premiere vertébre du coû ; & la supérieure se fait sur des inégalités osseuses qui se trouvent à l'occipital, tout auprès de la fissure mastoïdienne.

Les extenseurs de la tête sont au nombre de six ; sçavoir, le *splenius*, le *grand complexus*, le *petit complexus*, les *grand* & *petit droits postérieurs*, & le *petit oblique*.

Le *splenius* a ses attaches inférieures aux apophises épineuses des trois ou quatre vertébres supérieures du dos, à la derniére du coû, & au ligament occipital comme le *trapese* ; & ses attaches supérieures sont à la partie

partie poftérieure de l'apophife maftoïde, & a une ligne offeufe qui fe
trouve à la partie poftérieure & latérale de l'occipital.

Le *grand complexus* a fes attaches
inférieures aux apophifes tranfverfales des trois vertébres fupérieures
du dos, & des inférieures du coû
& fes attaches fupérieures font à la
partie moïenne & inférieure de l'occipital.

Le *petit complexus* eft un faifceau
de fibres charnues qui eft au côté
extérieur & fupérieur du *grand complexus.* Ses attaches inférieures font
aux apophifes tranfverfales des vertébres inférieures du coû ; & fon
attache fupérieure eft derriére l'apophife maftoïde, au-deffous de l'attache du *fterno-maftoïdien.*

Le *grand droit poftérieur* a fon
attache inférieure à un des fourchons
de l'apophife épineufe de la feconde

vertébre du coû ; il monte enfuite en s'évafant un peu, pour former fon attache fupérieure fur une ligne of-feufe & ceintrée que l'on voit à la partie inférieure de l'occipital.

Le *petit droit poftérieur* a fon at-tache inférieure par une extrémité tendineufe, fur l'endroit qui fert d'é-pine à la premiére vertébre du coû : fes fibres deviennent enfuite char-nues, s'évafent en forme d'évantail, & vont s'attacher fupérieurement fur la même ligne ceintrée des *grands droits poftérieurs*, mais plus intérieu-rement & au-deffus du trou occipital.

Le *petit oblique* eft enfin le fixié-me des extenfeurs de la tête. Son attache la plus inférieure eft par un petit tendon affez rond, à l'apophife tranfverfale de la premiére vertébre du coû ; & la fupérieure qui s'évafe en forme d'évantail, eft à la partie inférieure de l'occipital au-deffus de

l'attache des *grands droits postérieurs.*

La premiére vertébre du coû & la
tête, font, dit-on, portées demi-
circulairement fur les côtés par les
deux grands obliques, dont les attaches font d'une part à chaque four-
chon de l'apophife épineufe de la
feconde vertébre du coû ; & de l'autre part aux extrémités des apophifes tranfverfales de la premiére
vertébre.

J'avoue que ces mufcles, en fe contractant féparément, peuvent tourner la tête fur les côtés : leur pofi-
tion, & la mécanique qu'on obferve
tant à l'articulation de la tête avec
la premiére vertébre, qu'à l'articulation de la premiére vertébre avec
la feconde, ne nous annoncent autre
chofe. Mais peut-on s'imaginer que
la tête chargée, par exemple, d'un
poids de cent livres, puiffe être

tournée de droit à gauche par le *grand oblique* du côté gauche, car c'eſt celui-là qui peut faire cet office? Il n'y a point d'algébre qui puiſſe donner tant d'avantage aux *grands obliques*; & de ſi petits muſcles ne ſont pas ſeulement capables de tourner la tête ſeule avec la vîteſſe que nous la tournons. Il faut donc néceſſairement que ces muſcles ſoient aidés par quelques-autres. En effet les *ſterno-maſtoïdiens* ſont ceux qui favoriſent cette action, & il eſt facile de prouver qu'ils ne peuvent fléchir la tête en aucune maniére, comme nous l'avons déja inſinué aux pages 96 & 97. de la premiére partie de notre Miotomie.

La tête & la premiére vertébre ſont donc portées demi-circulairement ſur les côtés par les *grands obliques* que nous venons d'examiner, & par les *ſterno-maſtoïdiens.*

L'attache inférieure de ce dernier

muscle est par un tendon assez rond
à la partie interne & supérieure du
premier os du *sternum*, aussi bien
que par un faisceau de fibres charnues à la partie supérieure & interne
de la clavicule ; & son attache supérieure est à la partie postérieure &
supérieure de l'apophise mastoïde,
à une portion de l'os temporal, &
même jusqu'à l'occipital.

CHAPITRE XI.

Des attaches des muscles qui font mouvoir le coû.

LE coû est fléchi par le *long* & le
scalene de chaque côté. Le *long*
a ses attaches inférieures à la partie
latérale du corps des deux vertébres
supérieures du dos ; & les supérieures sont au corps de presque toutes les
vertébres du coû.

Le *fcalene* eft un mufcle compofé de trois branches. La premiére ou l'antérieure eft affez cilindrique; elle a fon attache inférieure par un tendon court & affez rond, au bord fupérieur & antérieur de la partie offeufe de la premiére côte. La féconde branche a auffi fon attaché inférieure à la premiére côte, mais à quatre ou cinq lignes plus poftérieurement que la premiére; de forte qu'il paroît une efpéce de trou entre ces deux branches. La troifiéme branche a fes attaches inférieures à la partie poftérieure de la feconde côte. Les attaches fupérieures de toutes ces branches font à la furface antérieure des apophifes tranfverfes des fix vertébres inférieures du coû.

Il y a bien des mufcles qui fervent à l'extenfion du coû: les deux plus confidérables font *l'épineux* & le *tranfverfal.* Le premier a fes atta-

ches inférieures aux épines des trois
vertèbres supérieures du dos ; & les
supérieures sont aux apophises transf-
versales des vertébres supérieures
du coû.

Le second qui est le *transversal*,
a ses attaches supérieures aux apophises transversales des quatre vertébres supérieures du dos & des inférieures du coû : ses attaches supérieures sont aux apophises épineuses
des vertébres supérieures du coû.
Ces muscles sont distingués par les
auteurs, dès muscles de l'épine dont
nous parlerons dans la suite ; cependant quand on les dissèque, on
voit qu'ils n'en sont que la continuité.

Cowper a ajouté à tous ces muscles cinq paires d'extenseurs, auxquels il a donné le nom de muscles
inter-spinaux du coû. Leurs attaches
sont de l'apophise épineuse d'une ver-

tébre, à l'apophife épineufe de la vertébre fupérieure & la plus voifine. Le même auteur en a obfervé de femblables entre les apophifes tranfverfales du coû, qu'il nomme *inter-tranfverfaux.*

CHAPITRE XII.

Des attaches des mufcles qui fervent à la refpiration.

LEs mufcles qui fervent à la dilatation & à la conftriction de la poitrine, font en affez grand nombre, quoique l'on puiffe retrancher quelques-uns de ceux que les anatomiftes ont coutume d'y mettre.

Les premiers de ceux qui fervent à la dilatation font les deux *fcalenes* que nous avons mis avec les auteurs, au rang des fléchiffeurs du coû,

coû, mais qui ne le peuvent fléchir que lorsque la poitrine est fixée.

La seconde classe des dilatateurs de la poitrine sont les *petits dentelés postérieurs & supérieurs.* Ces muscles ont leur attache supérieure par une forte aponévrose à la partie inférieure du ligament cervical, aux apophises épineuses des deux derniéres vertébres du coû & des deux supérieures du dos : ils deviennent ensuite charnus, & forment quatre appendices ou digitations, qui s'attachent à l'angle de la 2e, 3e, 4e & 5e côtes supérieures.

La troisiéme classe de dilatateurs sont les *costaux externes*, ou *surcostaux* de *Verrheyen.* Ce sont de petits muscles longuets situés obliquement, & qui ont leur attache supérieure aux apophises transversales des vertébres du dos. Le premier de ces muscles commence à l'apophise transf-

verſale de la derniére vertébre du
coû ; les autres aux apophiſes tranſverſes des onze vertébres ſupérieures du dos : l'attache inférieure de
chacun de ces muſcles, eſt à l'angle de
la côte qui leur eſt inférieure. Il y a
pluſieurs de ces muſcles qui ſont mul-
tipliés, & qui paſſent à la deuxiéme
& ſouvent troiſiéme côte inférieure.

La quatriéme claſſe de dilatateurs
de la poitrine ſont les *inter-coſtaux.*
Il faut faire ici cette obſervation,
que ces muſcles ſont dilatateurs ou
conſtricteurs de la poitrine, ſuivant
que les premieres ou derniéres côtes
ſont déterminées ; car ce ſont elles
qui entraînent les autres , & font
la dilatation ou la conſtriction. Les
muſcles *inter-coſtaux* ſont externes
& internes. Les fibres des *inter-coſtaux* externes vont obliquement de
derriére en devant, approchant plus
de la figure perpendiculaire , lorſ-

qu'elles font près de l'extrémité offeufe & antérieure des côtes, qu'elles
ne paffent point. Le plan interne eft
moins oblique, & n'eft recouvert en
devant (puifqu'il fe trouve feul) que
par une membrane dont les fibres font
obliques ; ce qui fait qu'on la prend
pour la continuation du plan externe.

Enfin le *diaphragme* eft le dernier
des dilatateurs de la poitrine ; il
forme une voute inclinée & un angle aigu avec le dos. Il eft compofé
de trois mufcles, un grand & deux
petits. Le grand mufcle eft charnu
à fa circonférence, & tendineux dans
fon centre. La circonférence charnue
eft raïonnée & attachée à l'appendice xiphoïde, aux cartilages des derniéres vraies côtes, & à ceux des fauffes.

Les deux petits mufcles du *diaphragme* font engagés dans une
échancrure du premier : le droit eft
plus gros & plus long que le gau-
R ij

che ; il eſt plus ſur le milieu des vertébres , & forme un tendon qui s'attache ſur le corps de la quatriéme
vertébre des lombes ; le gauche au
contraire ne paſſe pas la troiſiéme.
Si l'on veut une deſcription plus ample & plus ſatisfaiſante du *diaphragme*, il faut ſe donner la péine de
lire le dix-ſeptiéme chapitre de mon
traité de *Splanchnologie.*

Le nombre des muſcles conſtricteurs de la poitrine eſt moins conſi-
dérable que celui des dilatateurs , &
cela parce que les côtes ſont natu-
rellement portées à s'abbaiſſer par
leur ſituation oblique & inclinée , &
par leur propre poids.

Le premier des conſtricteurs de la
poitrine eſt le petit *dentelé* poſtérieur
& inférieur. Ses attaches les plus
fixes ſont par une aponévroſe , aux
apophiſes épineuſes des vertébres inférieures du dos , & de la ſupérieure

des lombes : cette aponévrose dégé-
nére enfuite en fibres charnues, qui
forment quatre appendices, pour s'attacher à la partie moïenne & inférieure des quatre fauffes côtes inférieures.

Le *facro-lombaire* eft le deuxiéme
conftricteur de la poitrine. Ses attaches inférieures fe font par une aponévrofe qui tient aux épines fupérieures de l'os *facrum*, à la partie
poftérieure de l'épine de l'os des îles ;
elle gagne enfuite les lombes, &
produit une maffe charnue qui s'attache à leurs apophifes tranfverfes,
& monte le long des côtes pour fe
divifer par fon bord extérieur, en plufieurs bandes charnues & tendineufes qui imitent la branche de palmier. La premiére bande eft la plus
charnue ; elle s'attache à la derniére
des fauffes côtes, que l'on peut appeller côte flottante. La feconde

R iij

bande du *facro lombaire*, eſt un peu moins charnue que la précédente, puiſqu'elle eſt auſſi partie tendineuſe ; elle s'attache à la quatriéme fauſſe côte qui eſt auſſi flottante, & cela preſqu'à ſon extrémité. Les bandelettes qui s'attachent aux vrais côtes, ſont plus tendineuſes, & s'attachent tout le long de ces angles des côtes, dont les diſtances alternatives & cimétriques, ont été comparées par les anatomiſtes, au compas.

La troiſiéme claſſe de conſtricteurs de la poitrine ſont les *coſtaux internes* ou *ſous-coſtaux* de *Verrheyen*. Ce ſont de petits muſcles qui ſont à la ſurface interne des côtes, ſous la plévre & près des vertébres. Leur attache inférieure joint la tubéroſité de chaque côté, d'où ils montent obliquement pour s'attacher à l'angle de chaque côte ſupérieure.

Enfin le dernier muſcle qui ſert à

abbaisser les côtes, a mal-à-propos été nommé le *triangulaire*, attendu qu'il n'a aucun rapport à cette figure, & qu'il n'est point unique. Ce sont cinq bandes charnues de chaque côté du *sternum*, qui montent obliquement pour s'attacher à la deuxiéme, troisiéme, & ainsi jusqu'à la sixiéme côte. Ces petits muscles sont appellés *sterno-costaux* par *Vertheyen*.

CHAPITRE XIII.

Des attaches des muscles qui servent au mouvement des lombes, & du dos.

LEs lombes sont fléchis par les muscles du bas-ventre qui contribuent à cette action ; par les *quarrés* des lombes, & par les *petits psoas*, lorsqu'ils s'y trouvent.

Le *quarré* des lombes a ſes attaches ſupérieures à la côte flottante & aux apophiſes tranſverſes des vertébres des lombes : ſon attache inférieure eſt à la partie ſupérieure & un peu poſtérieure de l'os des îles.

Le petit *pſoas* a ſon attache ſupérieure au côté de la premiére vertébre des lombes , & cela par un corps charnu : ſon attache inférieure ſe fait par un tendon fort grêle à l'os des îles près du pubis. Ces muſcles ſervent au mouvement du baſſin ; c'eſt même une obſervation de M. *Cheſelden* très-célébre anatomiſte & Chirurgien anglois.

Les lombes & le dos ſont étendus, & font bien des mouvemens combinés par les muſcles ſuivans.

Le *ſacro-lombaire* dont nous avons déja parlé, peut auſſi ſervir aux mouvemens du dos & des lombes ; mais on voit entre ce muſcle & l'épine, une maffe charnue qui y a encore plus de part ; c'eft le *très-long* du dos. Ce mufcle a fes attaches inférieures en partie par une portion charnue, & en partie par des bandelettes tendineufes. La portion charnue eft attachée à la face interne du *facro lombaire*, à la groffe tubérofité de l'os des îles ; de-là ce mufcle monte le long du dos en s'uniffant avec le *facro-lombaire*, & s'attache aux côtes près de leur angle. Il y a des faifceaux fibreux de ce mufcle, qui vont à toutes les vertébres fupérieures du dos.

Le *demi-épineux* ou *tranfverfal-épineux* du dos, eft un mufcle compofé d'un grand nombre de faifceaux charnus, attachés alternativement à quelques apophifes tranfverfes des vertébres des lombes & du dos, & aux apophifes épineufes du dos dans l'ordre qui fuit. Le faifceau inférieur de ce mufcle, eft attaché d'une part,

à l'apophife tranfverfe de la troifiéme vertébre des lombes ; & de l'autre
part aux apophifes épineufes des deux
vertébres fupérieures : ce qui s'obferve de vertébre en vertébre jufqu'à la
premiére du dos, excepté néanmoins
qu'il y a quelquefois des faifceaux
qui ne vont qu'à une apophife épineufe.

Le *tranfverfal épineux* des lombes, ou le *facré* des anciens , eft à
peu près conftruit comme le précédent ; de forte que les faifceaux charnus dont il eft compofé , font attachés d'une part aux parties fupérieures latérales de l'os *facrum* , poftérieure de l'os des îles , & quelques-
uns aux apophifes tranfverfes des
vertébres inférieures des lombes.
L'autre extrémité de ces faifceaux
charnus, eft attachée fucceffivement
à toutes les apophifes épineufes des
lombes.

L'épine a encore de certains petits muſcles que *Stenon* appelle *verté-braux*. Il en fait de deux claſſes en général ; ſçavoir, de *droits* & d'*obli-ques*. Des *droits*, il y en a de ſimples & de compoſés : les ſimples ſont ceux qui d'une apophiſe épineuſe ou tranſverſale, vont à pluſieurs.

Les *vertébraux obliques* ſont auſſi de deux ſortes ; car les uns montent des apophiſes tranſverſes aux épi-neuſes, & les autres montent des apophiſes épineuſes aux tranſverſes. On peut, pour les mieux déſigner, ſe ſervir d'une comparaiſon tirée de l'optique, & les appeller *convergens* & *divergens* : c'eſt à peu près ce que *Stenon* a voulu dire en les caractéri-ſant ainſi, *ad medium vergentes*, *& à medio diſcedentes.*

Il y a de ces muſcles qui vont d'une ſeule apophiſe à pluſieurs. Par exemple, on en voit qui de l'apo-

phife tranfverfe de la feptiéme vertébre du dos, en comptant de bas en
haut, montent aux apophifes épineufes de la huitiéme, neuviéme &
dixiéme vertébre du dos.

Pour terminer les attaches des
mufcles du *tronc*, il nous refte à parler des mufcles du bas-ventre, de
ceux de la verge & autres parties
qui en dépendent, & même du clitoris ; mais comme nous avons traité
fort au long de tous ces mufcles
dans notre *anatomie des vifcéres* ou
Splanchnologie, & même qu'on voit
leur préparation dans la *Miotomie*,
nous y renvoions le Lecteur, pour
paffer aux attaches des mufcles qui
font mouvoir la branche fupérieure
du *tronc* de l'homme.

CHAPITRE XIV.

Des attaches des muscles qui font mouvoir l'épaule.

COMME l'épaule eſt compoſée de deux os qui ſont unis enſemble pour ſervir d'appui à la branche ſupérieure du tronc de l'homme, les muſcles attachés à un de ces os, donnent néceſſairement quelque mouvement à l'autre : & comme la clavicule eſt beaucoup moins mobile que l'omoplate, & que celle-là eſt obligée de ſuivre & les inclinaiſons, & les pentes de celle-ci, c'eſt pour cette raiſon que les muſcles de l'épaule ſont preſque tous attachés à l'omoplate.

L'omoplate eſt relevée, dit-on, par ſon *releveur*, dont les attaches ſupérieures ſe font par différens

plans charnus aux apophifes tranfverfes de la deuxiéme, troifiéme &
quatriéme vertébres fupérieures du
coû; & l'attache inférieure eft à l'angle fupérieur & poftérieur de l'omoplate. Ce mufcle, par fa fituation,
peut bien relever l'angle fupérieur &
poftérieur de l'omoplate, approcher
fon angle inférieur de l'épine du dos;
mais l'angle antérieur & fupérieur,
je veux dire celui où eft placée la cavité glénoïde, fera obligé de s'incliner, & c'eft juftement là ce qu'on
appelle abbaiffer l'omoplate. Cependant quand la portion fupérieure du
trapéze qui s'attache à la clavicule,
agit de concert avec le *releveur*, pour
lors les deux angles fupérieurs de
l'omoplate étant tirés par des forces
égales, & dans la ligne diagonale
entre ces deux puiffances, l'épaule
fera portée en haut.

Les attaches poftérieures du *tra-*

- *peze* font à la partie moïenne & poftérieure de l'occipital, au ligament
occipital, à l'apophife épineufe de
la derniére vertébre du coû, & aux
épines des neuf vertébres fupérieures
du dos. Pour ce qui eft des attaches
antérieures de ce mufcle, elles fe font
le long de l'épine de l'omoplate, fur
l'*acromion*, & fur la partie externe
de la clavicule. Toutes les différentes fibres de ce mufcle concourent à
relever la cavité glénoïde de l'omoplate, &c. fuivant l'obfervation de
M. *Winflow*, auquel j'avois rendu
cette juftice lors·de la feconde édition de cet ouvrage, quoique fon
traité d'anatomie ne fut pas au jour.

L'omoplate eft portée en arriére
par le *rhomboïde*. Ce mufcle eft attaché par une aponévrofe aux apophifes épineufes des deux vertébres inférieures du coû, & des quatre fupérieures du dos ; & de l'autre part à

la lévre externe de la bafe de l'omo-plate, depuis fon épine jufqu'à l'angle inférieur.

L'omoplate & l'épaule font portées en devant par le *petit pectoral*, dont les attaches fe font d'une part à la troifiéme, quatriéme & cinquiéme vraies côtes fupérieures par autant d'appendices charnues ; & de l'autre part à l'apophife coracoïde.

L'omoplate eft un peu portée en devant par le *grand dentelé*, qui s'oppofe confidérablement aux efforts qui tendent à la porter trop en arriére. Ce mufcle a fes attaches antérieures par des appendices charnues appellées dentelures, à la partie moïenne & antérieure des cinq vraies côtes inférieures, & des deux fauffes fupérieures. Les attaches poftérieures de ce mufcle fe font au long de la levre interne de la bafe de l'omo-plate, mais d'une maniére bien différente

tente à celle qu'on a coutume de
décrire. Il est vrai que l'examen pré-
cipité que l'on fait du *grand dentelé*,
induit à des erreurs considérables ;
car on s'imagine qu'il est un des
dilatateurs de la poitrine en élevant,
ou en écartant les côtes ; mais lorsqu'on se donne la peine de renverser
l'omoplate, on voit que ce muscle
est non-seulement attaché à toute sa
base, mais que ses fibres sont comme raïonnées & partagées en trois
différens faisceaux, qui en produi-
sent eux-mêmes une plus grande
quantité.

Les trois principaux faisceaux
sont différemment attachés à la base
de l'omoplate, & pour le sçavoir
précisément, il faut la diviser en
quatre portions. Or le premier quart
de cette base donne attache au faisceau supérieur du *grand dentelé*, &
les fibres de ce faisceau, vont hori-

fontalement s'attacher aux côtes. Mais ces côtes étant obliquement situées, on voit que les fibres charnues de ce premier faisceau, les croisent, & ne peuvent par conséquent les lever.

Le second faisceau du *grand dentelé* est attaché aux deux quarts suivans de la base de l'omoplate ; il est mince & très-étendu, & ses fibres vont comme le premier, horisontalement aux côtes suivantes qui font encore plus inclinées que les précédentes. Donc par une suite nécessaire elles ne peuvent élever les côtes.

Enfin le troisiéme faisceau du *grand dentelé*, est attaché au quatriéme quart de la base de l'omoplate ; il est plus épais que les autres, & produit quantité de faisceaux raïonnés, qui vont en haut, horisontalement, & en bas s'attacher aux côtes : & comme la plûpart de ces faifceaux fuivent la même direction des côtes , ils tendent à les écarter. Mais comme ceux qui fçavent bien l'harmonie & les jonctions des côtes , font convaincus qu'elles ne peuvent être écartées , il fuit de cette ftructure que les faifceaux mufculeux dont nous parlons, ne peuvent relever les côtes. Donc le *grand dentelé* n'eft point un dilatateur de la poitrine. C'eft même le fentiment de M. *Winflow* , cité dès la feconde édition.

L'épaule eft abbaiffée par le *fous-clavier* , qui eft au contraire, fuivant prefque tous les anatomiftes , un dilatateur de la poitrine ; mais cet ufage peut-il feulement être penfé ? En effet , le *fous-clavier* eft attaché par fon extrémité extérieure à la furface inférieure de l'extrémité externe de la clavicule près l'*acromion* ; &

ſon extrémité interne eſt attachée à
la ſurface ſupérieure du cartilage de
la premiére côte. Or comme ceux
qui ſçavent bien l'oſtéologie, ſont
véritablement perſuadés que le cartilage de la premiére côte n'a point,
comme les autres , d'articulation
avec le *ſternum* , mais qu'il y eſt
très-étroitement ſoudé, il s'enſuit
que le *ſous-clavier* en ſe contractant,
ne peut élever la premiére côte.
Mais la clavicule étant mobile, il
baiſſera ſon extrémité externe , &
par le même moïen l'épaule ſera
baiſſée ; ce que *Spigelius* a déja prou-
vé. D'où nous concluons qu'il eſt
impoſſible que le muſcle *ſous-clavier*
puiſſe dilater la poitrine.

CHAPITRE XV.

Des attaches des muscles qui font mouvoir le bras.

LE bras est levé, abbaissé, porté en devant, en arriére, fait le mouvement de pivot ou de rotation, & celui de fronde par neuf muscles.

Le premier mouvement est exécuté par le *deltoïde* & le *sus-épineux*. Le *deltoïde* est attaché d'une part à la partie externe de la clavicule, à l'*acromion*, & au rebord inférieur de l'épine de l'omoplate : & de l'autre part il se termine par un fort tendon qui s'attache sur une ligne fort inégale, qui part du *grand trochanter de l'humérus*, je veux dire antérieurement au bas de la partie supérieure de cet os.

Le *sus-épineux* a ses attaches postérieures dans la cavité sus-épineuse de l'omoplate ; & son attache antérieure est, si l'on en croit presque tous les livres, au coû de l'*humérus.*

Il y a au moins vingt-cinq ans que j'ai fait connoître dans la première édition de ce traité de *Miotomie*, que ce muscle, de même que le *sous-épineux*, le *sous-scapulaire*, & le *petit rond*, avoient des attaches plus particularisées que le *coû de l'humérus :* cependant plusieurs qui ont fait imprimer depuis ce tems-là, n'ont pas crû devoir changer leurs idées, ou s'écarter des auteurs qu'ils suivoient ; ce qu'ils auroient pû faire aisément en examinant cette difficulté sur le sujet même ; & ils auroient observé que l'extrémité antérieure du muscle *sous-épineux*, est un véritable tendon fort large & très-fort, qui passe dessous l'*acromion*, & qui s'attache à la surface supérieure de la grosse tubérosité, ou pour mieux dire du *grand trochanter* de l'*humérus*.

Le bras est porté en bas & en arriére par le *grand dorsal* & le *grand rond*. Le premier de ces muscles a ses attaches inférieures à la lévre externe de l'os des îles ; aux épines de l'os sacré ; aux apophises épineuses des vertébres des lombes ; aux trois inférieures du dos ; & aux parties externes des trois premiéres fausses côtes : son attache supérieure est par un tendon plat à une ligne osseuse qui descend obliquement du petit *trochanter* de l'*humérus* , je veux dire à la partie interne & supérieure de cet os.

Le *grand rond* est attaché d'une part à la surface externe de l'angle inférieur de l'omoplate ; & de l'autre au même endroit que le *grand dorsal*.

Le bras eft porté en devant par le *grand pectoral* & le *coraco-brachial.* Le premier de ces mufcles eft attaché d'une part à l'extremité interne de la clavicule, le long de la partie latérale du *fternum*, & aux cartilages de toutes les vraies côtes; & de l'autre il forme un fort tendon qui s'attache à la partie interne & fupérieure de l'os du bras.

Le *coraco-brachial* a fon attache fupérieure à l'apophife coracoïde, & l'inférieure au bas de la partie fupérieure de l'os du bras.

Les mouvemens de pivot ou de rotation font faits par le *fous-épineux*, le *petit rond*, & le *fous-fcapulaire.* Le premier de ces mufcles eft attaché d'une part à toute la foffe fous-épineufe de l'omoplate; & de l'autre il forme un tendon qui s'attache à une furface longuette qui eft à la groffe tubérofité, ou au *grand trochanter*

trochanter de l'*humérus* directement au deſſous du *ſus-épineux.*

Le *petit rond* a ſon attache poſté- rieure à la côte inférieure de l'omo- plate ; & ſon attache antérieure à la troiſiéme ſurface que l'on obſerve au *grand trochanter* de l'*humérus.*

Ces deux muſcles font faire la demie rotation ou le demi-tour en de-hors au bras ; mais le demi-tour en de-dans ſe fait par le *ſous ſcapu- laire*, qui d'une part eſt attaché à toute la ſurface interne de l'omo- plate ; & de l'autre, forme un fort tendon plat, qui s'attache à la petite tubéroſité ou au *petit trochanter* de l'*humérus.* Puiſque les muſcles qui s'attachent aux deux tubéroſités de l'*humerus* dont je viens de parler, font tourner le bras, j'ai autant de raiſon d'appeller ces tubéroſités *tro- chanters*, qu'on en a d'appeller ainſi celles du fémur. On peut encore ap-

peller ces muscles, les *tambourineurs,*
parce que ce sont eux qui sont en
action, lorsqu'on bat la caisse.
C'est de cette juste attache de ces
muscles, que l'on peut déduire leur
véritable usage.

CHAPITRE XVI.

Des attaches des muscles qui font mouvoir l'avant-bras.

LE *biceps* & le *brachial interne* font
les muscles qui servent à la fléxion de l'avant-bras.

Les attaches supérieures du premier muscle se font par deux tendons, un interne & l'autre externe.
Le premier est fortement attaché à
l'apophise coracoïde, & le second à
une petite surface qu'on observe à
l'angle supérieur de l'omoplate. Ce

tendon glisse dans la sinuosité de l'os
du bras, & son corps charnu se joignant avec l'autre tête, il en résulte
un ventre. Enfin les attaches inférieures du *biceps* se font aussi par
deux tendons, l'un assez épais & un
peu applati, qui s'implante à l'os du
raïon directement au-dessous de sa
tubérosité. L'autre attache est une
aponévrose composée de deux feuil-
lets, l'un externe & l'autre interne.
L'externe est décrit par tous les
livres, & est attaché au *rond prona-*
teur &c. mais l'interne n'a été décrit que je sçache, par aucun anatomiste, dumoins avant les premiére
& seconde éditions de cet ouvrage.
Il tient une route opposée au précédent, car au lieu de s'écarter du tendon, il le cotoïe, & s'enfonce dans
le corps du *radial interne*, pour se
croiser avec le tendon aponévrotique qui est dans le corps de ce mus-

cle. Cette nouvelle obſervation doit donner lieu aux praticiens de faire quelques réfléxions pathologiques, ſur l'énoncé deſquelles il faudroit trop inſiſter.

Le ſecond muſcle deſtiné à fléchir l'avant-bras eſt le *brachial interne*, dont l'attache ſupérieure eſt à la partie interne, moïenne & inférieure de l'os du bras; & ſon attache inférieure eſt par un fort tendon, à la partie interne & ſupérieure de l'os du coude.

L'avant-bras eſt étendu par quatre muſcles.

Le premier eſt le *long extenſenr*, dont l'attache ſupérieure eſt dans une petite cavité inégale, ſituée ſur le bord de l'angle inférieur de la cavité glénoïde de l'omoplate, &c.

Le *court-extenſeur* eſt le ſecond muſcle deſtiné à l'extenſion de l'avant-bras. Son attache ſupérieure eſt poftérieurement aux parties moïenne & inférieure de l'os bu bras, &c.

Le troisiéme extenfeur eft le *brachial externe.* Son attache fupérieure eft le long de la partie externe de l'os du bras ; puis fes fibres s'uniffant avec celles du *long* & du *court extenfeurs*, forment toutes enfemble, un tendon qui va s'attacher fur une petite furface triangulaire, qu'on obferve à la partie poftérieure & fupérieure de l'olécrane.

Le quatriéme des extenfeurs de l'avant-bras eft l'*anconeus.* Ce mufcle eft attaché d'une part au condile externe de l'os du bras ; & de l'autre à la partie fupérieure de l'os du coude au-deffous de l'olécrane.

Le raïon a deux mouvemens particuliers appellés pronation & fupination. Le premier de ces mouvemens fe fait par le *rond fupinateur* & le *quarré* de l'avant-bras. Le *rond*

eſt attaché d'une part au condile interne de l'os du bras, & de l'autre
à la partie moïenne & antérieure
du raïon.

Le *quarré* eſt attaché d'une part à
la partie poſtérieure & inférieure de
l'os du coude ; & de l'autre à la partie antérieure & inférieure du raïon.

La ſupination ſe fait prémiérement
par le *biceps* dont nous avons déja
parlé, & par le *long* & le *court ſupi-*
nateurs. Le premier eſt attaché d'une
part à une ligne ſaillante qui ſe trouve au-deſſus du condile externe dé
l'os du bras ; & de l'autre à l'extrémité inférieure & antérieure du
raïon.

Le *court ſupinateur* a ſon attache
ſupérieure au condile externe de l'os
du bras, & l'inférieure à la partie
moïenne & interne du raïon.

CHAPITRE XVII.

Des attaches des muscles qui servent à mouvoir le poignet.

LE poignet a des fléchiſſeurs & des extenſeurs. Les fléchiſſeurs ſont le *cubital* & le *radial internes :* on y ajoute auſſi le *palmaire.*

Le *cubital interne* s'attache d'une part au condile interne de l'os du bras, & à la partie ſupérieure & poſtérieure de celui du coude ; & de l'autre à l'os du carpe hors de rang, appellé par *Lycérus , piſiforme* ou *lenticulaire.*

Le *radial interne* s'attache d'une part au condile interne de l'os du bras, puis il forme un long tendon qui paſſe ſur le ligament annulaire interne commun , & par un ligament

T iv

annulaire particulier , pour s'attacher ensuite à la partie supérieure de l'os du métacarpe qui soutient le doigt indice.

Le *palmaire* a son attache supérieure par un petit corps charnu au condile interne de l'os du bras ; & son attache inférieure est par un tendon fort grêle au ligament annulaire interne commun ; d'où il jette une aponévrose qui s'épanouit sur toute la paume de la main , &c. *

Le poignet est étendu par le *cubital* & le *radial externes*. Le premier a ses attaches supérieures au condile externe de l'os du bras , & extérieurement aux parties superieure & moïenne de l'os du coude ; l'attache inférieure de ce muscle est (après avoir passé par un ligament annulaire particulier) à la partie supérieure du dernier os du métacarpe.

* Voïez là-dessus la Miotomie.

Le *radial externe* eſt un muſcle qui eſt preſque toujours double , ce qui fait que beaucoup d'auteurs en font deux qu'ils appellent le *long* & le *court extenſeurs* du poignet. Le premier de ces muſcles a ſon attache ſupérieure à la ligne oſſeuſe qui ſe trouve au-deſſus du condile externe de l'os du bras ; & ſon attache inférieure eſt à l'os du métacarpe qui ſoutient le doigt indice, après avoir paſſé par un ligament annulaire particulier. Le ſecond, ou pour mieux dire, le *court radial externe*, eſt attaché d'une part au condile externe de l'os du bras, & de l'autre à la partie ſupérieure de l'os du métacarpe qui ſoûtient. le grand doigt ou le doigt du milieu, après avoir paſſé par un ligament annulaire.

Lorſque les *radiaux* tant internes qu'externes, agiſſent ſeuls, le poignet eſt porté en devant ; & quand ce font les *cubitaux*, le poignet eſt porté en arriére : mais le mouvement circulaire du poignet ſe fait par l'action ſucceſſive de ces muſcles.

CHAPITRE XVIII.

Dés attaches des muſcles qui font mouvoir les doigts.

LEs doigts font tous leurs mouvemens par des muſcles communs à pluſieurs doigts, & par des muſcles particuliers à chaque doigt.

Les quatre doigts qui ſuivent le pouce, ſont fléchis par des muſcles communs qui ſont le *ſublime*, le *profond* & les *lombricaux* : & comme chaque doigt eſt pourvu de trois falanges, je vais commencer par les *lombricaux* ou *vermiculaires*, qui pa-

roiſſent plus propres à fléchir la premiére falange, qu'à porter les doigts
du côté du pouce. Ces petits muſcles
ſont au nombre de quatre : ils ſont
attachés d'une part aux quatre tendons du muſcle profond dont on
va parler; & de l'autre à la partie
antérieure de la premiére falange de
chaque doigt.

Le muſcle qui fléchit la ſeconde
falange eſt le *ſublime.* Ses attaches
ſupérieures ſont au condile interne
de l'os du bras, & à la partie interne
& ſupérieure du raïon ; il paſſe enſuite ſous le ligament annulaire interne commun, ſe diviſe en quatre
tendons, & chaque tendon ſe fend
pour donner paſſage aux tendons du
profond ; puis ils s'attachent, un à un,
à la partie interne de la ſeconde falange de chaque doigt.

Le *profond* eſt le muſcle qui fléchit la troiſiéme falange de chaque

doigt. Il est d'une part attaché au
condile interne de l'os du bras, intérieurement à la partie supérieure
& moïenne de l'os du coude, & au
ligament interosseux : il passe ensuite
sous le ligament annulaire, se divise
en quatre tendons qui passent dans
les fentes du précédent, & viennent
s'attacher à la partie interne de la
derniére falange de chaque doigt.

Les quatre doigts sont étendus par
un muscle appellé l'*extenseur commun* des doigts. Son attache supérieure est au condile externe de l'*humérus* : il passe ensuite sous un ligament externe commun, où il se divise en quatre tendons fort plats, qui
s'attachent le long de la partie externe des falanges des quatre doigts.

Les quatre doigts sont écartés &
approchés les uns des autres, par des
muscles appellés les *inter-osseux internes & externes.* Ce langage est

contraire à ce que l'on en a écrit
jusqu'ici ; il n'en est pour cela pas
moins vrai, comme chacun peut
l'examiner sur le cadavre & consul-
ter ma Miotomie.

Voilà le détail des muscles communs à de certains doigts, nous allons présentement faire une courte
énumération des muscles particuliers
à quelques-uns.

Le pouce en a cinq, sçavoir un
pour le fléchir, deux pour l'étendre,
un pour l'éloigner des autres doigts,
& un pour l'en approcher.

Le *fléchisseur* du pouce a ses attaches supérieures, intérieurement aux
parties moïenne & un peu inférieure
du raïon ; son attache inférieure est
au milieu de la partie postérieure de
la derniére falange de ce doigt, après
avoir passé son tendon par dessous le
ligament annulaire interne commun.

Les deux extenseurs sont appellés le *long* & le *court extenseurs* du pouce. Le premier est attaché d'une part à la partie moïenne & extérieure de l'os du coude, & au ligament inter-osseux ; passe ensuite sous un ligament annulaire particulier, où il se divise pour l'ordinaire en deux tendons ; le plus court s'attache à la partie antérieure & supérieure de la première falange du pouce ; & le plus long à la partie antérieure de la deuxiéme.

Le *court extenseur* est attaché d'une part à la partie moïenne & extérieure de l'os du coude, & au ligament inter-osseux ; & de l'autre il s'attache par un tendon à la partie antérieure de la derniére falange de ce doigt, après avoir passé par un ligament annulaire particulier.

Le pouce est éloigné des doigts par le *thénar*, dont l'attache supérieure est au ligament annulaire interne commun, & à la surface intérieure du premier os du carpe ; & l'attache inférieure est à la surface interne de la premiére, & d'une partie de la seconde falange de ce doigt.

Le pouce est approché des doigts par l'*anti-thénar*, qui est d'une part attaché au second os du métacarpe, & de l'autre à la surface externe de la premiere & seconde falange du pouce.

Le doigt indice a aussi des muscles qui lui sont particuliers, sçavoir un qui l'étend, & un qui l'approche du pouce. L'*extenseur* du doigt indice est attaché d'une part, à la partie inférieure & extérieure de l'os du coude ; & de l'autre, le long des falanges de ce doigt, après avoir passé par le ligament annulaire externe commun.

Le second qu'on appelle l'*adduc-*

teur de l'indice, a ſon attache ſupérieure à la ſurface externe de la premiére falange du pouce, partie ſupérieure, & au premier os du métacarpe ; & ſon attache inférieure eſt
à la partie ſupérieure de la premiére
falange de l'indice, ſurface antérieure.

Enfin le petit doigt a des muſcles
particuliers, car un l'étend & l'autre
l'éloigne des autres doigts.

L'*extenſeur particulier* du petit
doigt eſt attaché d'une part au condile externe de l'os du bras, étant
aſſez confondu avec l'*extenſeur commun* ; & de l'autre ſon tendon s'attache le long de la ſurface extérieure
de ce doigt, après avoir paſſé par
un ligament annulaire particulier.

Le muſcle qui éloigne le petit
doigt des autres, eſt appellé *hipo-
thénar*, dont l'attache ſupérieure eſt
au ligament annulaire interne commun,

mun , & au dernier os de chaque
rangée du poignet ; & son attache
inférieure est au dernier os du métacarpe & à la surface postérieure de
la première falange de ce doigt. Il y
en a qui divisent ce muscle en deux ,
desquels un tire le dernier os du métacarpe en dedans , & aide par conséquent à former ce qu'on appelle le
goblet de *Diogene.* Cette action est
encore fortifiée par le *petit palmaire*
qui est attaché d'une part à l'aponévrose *palmaire* , & de l'autre au
thénar.

CHAPITRE XIX.

Des muscles qui servent aux mouvemens de la branche ou de l'extrémité inférieure, & principalement à ceux de la cuisse.

LA cuisse est portée en devant par trois muscles. Le premier s'appelle le *grand psoas*, dont les attaches supérieures sont au côté du corps, & aux apophises transverses de la derniére vertébre du dos & des quatre supérieures des lombes; & son attache inférieure se fait au petit trochanter du fémur.

Le second est l'*iliaque*. Ses attaches supérieures sont par des fibres raïonnées à presque toute la face interne de l'os des îles ; & son attache inférieure se fait par un tendon confondu avec celui du *psoas*, au petit trochanter du fémur.

Le troisiéme est le *pectineus*, attaché d'une part au pubis, & de l'autre immédiatement au - dessous du petit trochanter du fémur.

La cuisse est portée en arriére par un seul muscle appellé le *grand fessier*. Ses attaches sont d'une part par des fibres raïonnées, aux côtés du coccix, de l'os sacré, & au rebord postérieur & supérieur de l'os des îles ; & de l'autre part à la partie externe du fémur, quatre travers de doigts au-dessous de son grand trochanter.

La cuisse est éloignée de la ligne de gravité, ou si l'on veut de l'autre cuisse, ce qu'on appelle l'*abduction* par le *moïen* & le *petit fessiers*. Le premier de ces muscles est attaché

par des fibres raïonnées „ à une ligne
ceintrée qu'on obferve à la furface
externe de l'os des îles, à quelque
diftance au-deffous de fa lévre externe, partie antérieure. Son attache
inférieure eft par un tendon à la partie fupérieure & externe du grand
trochanter du fémur.

Le *petit feffier* a fes attaches fupérieures aux parties moïenne & inférieure de l'os des îles ; & fon attache inférieure eft dans la cavité du
grand trochanter, partie antérieure. Son action eft fortifiée par le
fafcia-lata, dont l'attache fupérieure
eft à l'épine antérieure & fupérieure
de l'os des îles : il fe termine enfuite
par une grande & forte aponévrofe
qui recouvre la partie extérieure de
la cuiffe, & même de la jambe.

La cuiffe eft approchée de la ligne
de gravité, ou fi l'on veut de l'autre
cuiffe par le *triceps*. La premiére tête

de ce mufcle a fon attache fupérieure à l'os pubis, près de fa fimphife ;
& fon attache inférieure eft à la
partie interne & moïenne du fémur.
La feconde tête eft attachée d'une
part au même os du pubis, au-deffous de la premiére ; & de l'autre à
la partie interne du fémur, au-deffus de la précédente. Enfin la troifiéme tête a fon attache fupérieure
à la tubérofité de l'*ifchion*, & fes
attaches inférieures font tout le long
de la furface poftérieure du fémur,
depuis fon petit trochanter jufqu'au
condile interne.

La cuiffe fait dans certaines fitua-
tions, des mouvemens de rotation
ou demi-circulaires par les fix mufcles fuivans, qui dans d'autres attitudes ont auffi d'autres ufages.

Le premier de ces mufcles eft le
piramidal ou le *piriforme*. Il eft attaché par une de fes extrémités à la

partie moïenne de l'os sacré, &
par l'autre il forme un tendon qui
s'attache au fémur, dans la cavité
de son grand trochanter.

Le second est le *gémeau supérieur*,
dont l'attache est d'une part à l'épine de l'*ischion*, & de l'autre dans la
cavité du grand trochanter de l'os
fémur.

Le troisiéme est l'*obturateur interne*, qui est attaché par une de ses
extrémités à la circonférence interne du trou ovalaire, & à la membrane qui le bouche ; & par l'autre
dans la cavité du grand trochanter
de l'os fémur.

Le quatriéme est le *gémeau inférieur*, qui est attaché par une de ses
extrémités à la partie supérieure de
la tubérosité de l'*ischion*, & par
l'autre à la partie supérieure du
fémur dans la cavité de son grand
trochanter.

Le cinquiéme eſt l'*obturateur ex-*
terne, dont l'attache eſt d'une part
à plus des trois quarts de la circonférence extérieure du trou ovalaire, &
à la membrane qui bouche ce trou ;
& de l'autre dans la cavité du grand
trochanter du fémur.

Le *quarré* de la cuiſſe eſt le ſixié-
me muſcle. Ses attaches ſont d'une
part aux parties ſupérieure & moïenne de la tubéroſité de l'*iſchion*, &
de l'autre ſur une ligne oſſeuſe qui
ſe trouve au bas du grand trochanter du fémur, partie poſtérieure.

CHAPITRE XX.

Des attaches des muscles qui font mouvoir la jambe.

QUatre muscles font fléchir la jambe : le premier eſt le *biceps de la jambe*, dont les attaches ſupérieures ſe font par deux têtes ; par ſa plus longue tête, à la tubéroſité de l'*iſchion* ; & par ſa courte, à la partie moïenne & poſtérieure du fémur. Son attache inférieure eſt à la partie ſupérieure externe du péronné.

Le deuxiéme eſt le *demi-nerveux*, dont l'attache ſupérieure eſt à la tubéroſité de l'*iſchion*, étant uni avec la longue tête du *biceps*. Son attache inférieure eſt par un tendon grêle, à la partie ſupérieure interne du tibia.

Le

Le troifiéme fléchiffeur de la jambe eft le *demi-membraneux*, qui eft attaché d'une part par un tendon aponévrotique, à la tubérofité de l'*ifchion*; & de l'autre à la partie fupérieure & poftérieure du tibia.

Le quatriéme fléchiffeur de la jambe eft le *grêle interne*, qui a fon attache fupérieure au pubis près la fimphife, & l'inférieure eft à la partie fupérieure interne du tibia.

Il y a auffi quatre mufcles pour l'extenfion de la jambe. Le *droit grêle* qui eft le premier, a fes attaches fupérieures par deux tendons, un affez gros & un peu évafé, qui eft fortement attaché à l'épine antérieure inférieure de l'os des îles. Ce tendon fuit la même ligne que le corps du mufcle; mais le fecond tendon qui eft plus gros, plus large, & plus long que le précédent, eft fitué fi obliquement, qu'il forme un

Y avec le premier tendon, & s'attache fur le bord fupérieur de la cavité cotiloïde de l'*Ifchion*. L'on peut confulter ma *Miotomie* fur ce tendon, qu'il y a long-temps que j'ai décrit, & que les démonftrateurs négligent néanmoins, & ne montrent point à leurs éleves.

Le fecond des extenfeurs de la jambe eft le *crural*. Ses attaches fupérieures fe font le long de la furface antérieure du fémur.

Les troifiéme & quatriéme font les *vaftes*. L'*interne* a fes attaches fupérieures le long de la furface interne du fémur, depuis fon petit trochanter : l'*externe* eft attaché au long de la furface du même os, depuis fon grand trochanter. Ces quatre mufcles forment un tendon très-fort, qui s'attache à la rotule.

La jambe étant fléchie, fait des mouvemens de rotation par le *popli-*

té, & est portée sur l'autre jambe par le *couturier*.

Le *poplité* est attaché d'une part à la surface postérieure du condile externe du fémur ; & de l'autre au milieu de la partie supérieure & postérieure du tibia.

Le *couturier* a son attache supérieure à l'épine antérieure & supérieure de l'os des îles ; & l'inférieure est à la partie interne & supérieure du tibia.

CHAPITRE XXI.

Des attaches des muscles qui font mouvoir le pied.

LE pied est fléchi par le *jambier* & le *péronier antérieurs*. Le premier de ces muscles a ses attaches supérieures aux parties supérieure & moïenne du tibia ; passe ensuite sous un ligament annulaire pour s'attacher au premier *os cunéiforme.*

Le *péronier antérieur* est attaché par une de ses extrémités à la surface antérieure du péroné, partie moïenne & inférieure ; & aïant passé sous un ligament annulaire, s'attache à la partie supérieure & postérieure du dernier os du métatarse.

Le pied est étendu par cinq muscles ; le premier est composé des deux *gémeaux.* Leur attache supérieure est à la partie inférieure & postérieure du fémur, directement au-dessus de ses condiles.

Le deuxiéme est le *solaire,* qui est attaché par son extrémité supérieure, aux surfaces postérieures du péroné & du tibia, partie moïenne & un peu supérieure. L'attache inférieure de ces muscles est par un gros tendon appellé le *tendon d'Achille,* à la tubérosité du *calcaneum.*

Le troisiéme est le *plantaire,* dont

l'attache, supérieure se fait par un
corps charnu à la surface postérieure
du condile externe du fémur, mais
son attache inférieure est par un tendon fort long & fort grêle, à la
tubérosité du *calcaneum*.

Le quatriéme est le *jambier postérieur*, qui est attaché par son extrémité supérieure, aux parties moïenne
& inférieure du tibia surface postérieure ; & son extrémité inférieure
passe derriére la maléole interne,
pour s'attacher à l'os naviculaire.

Le cinquiéme & dernier des extenseurs du pied, est le *péronier postérieur*, ou suivant quelques-uns le
long péronier. Ses attaches supérieures sont aux parties supérieure &
moïenne du péroné, surface externe ;
il passe ensuite derriére la maléole
externe, par la sinuosité du cuboïde,
& traverse enfin la plante du pied,
pour s'attacher au premier os du
métatarse.   X iij

Comme toutes les articulations par charniére n'ont point de muscles particuliers pour porter les membres en dedans & en dehors, deux antagonistes agissant ensemble, suppléent à ce défaut : ici les deux *jambiers* portent le pied en dedans, & les deux *péroniers* le portent en dehors ; & l'action successive de ces muscles, fait le mouvement circulaire.

CHAPITRE XXII.

Des attaches des muscles qui font mouvoir les orteils.

LEs orteils ont comme les doigts de la main, des muscles communs & des muscles particuliers.

Les quatre derniers doigts ou orteils, sont fléchis par les quatre *lombricaux*, le *sublime* & le *profond*.

Les quatre *lombricaux* sont atta-

chés d'une part aux tendons .du *pro-*
fond , & de l'autre à la premiére
falange des quatre derniers orteils
pour la fléchir.

Le *sublime* a son attache postérieure à la partie inférieure de la tubérosité du *calcaneum* , & son attache
antérieure se fait par quatre tendons,
qui de même qu'à la main , sont
fendus pour laisser passer les tendons
du *profond* , & s'attachent ensuite à
la seconde falange des quatre orteils.

Le *profond* a ses attaches supérieure & postérieure dans deux différens
endroits , sçavoir par une longue
portion aux parties moïenne & inférieure du tibia, qui aïant passé par
un ligament annulaire particulier ,
derriére la maléole interne , & dans
la sinuosité du *calcaneum* , se joint à
la seconde portion de ce muscle ,
dont l'attache postérieure est à la
partie inférieure & moïenne du *cal-*

caneum. Ces deux portions se divisent en quatre tendons, qui passent dans les fentes du *sublime*, & s'attachent à la derniére falange des quatre derniers orteils.

Les mêmes orteils sont étendus par deux muscles qui sont le *long extenseur* & le *court*.

Le *long extenseur* a ses attaches supérieures presque tout le long de la partie interne du péroné ; il passe ensuite sous le ligament annulaire, se divise en cinq tendons, dont les quatre premiers se terminent sur les falanges des quatre premiers orteils, & le cinquiéme au dernier os du métatarse.

Le *court extenseur*, autrement dit *pedieus*, a ses attaches postérieures aux parties supérieure & antérieure du *calcaneum* & de l'astragal ; il se divise ensuite en quatre tendons qui s'attachent aux premiéres falanges du pouce ou gros orteil, & des trois doigts qui fuivent.

Les orteils font , comme à la main , écartés les uns des autres, & réciproquement approchés , par les *interoffeux* tant internes qu'externes, qui font ici au nombre de huit.

Parmi les mufcles particuliers à certains orteils , le pouce en a trois. Son *fléchiffeur* a fes attaches fupérieures , poftérieurement aux parties moïenne & inférieure du péroné ; & fon attache inférieure eft à la furface inférieure de la derniére falange du pouce, aïant auparavant paffé par un ligament annulaire particulier, & communiqué par un petit tendon avec le *profond*.

L'*extenfeur* du gros orteil eft attaché d'une part aux parties moïenne & inférieure du péroné , furface intérieure ; & de l'autre à la partie fupérieure des deux falanges de ce doigt.

Le même orteil eft éloigné des autres par le *thénar* ou l'*adducteur*, dont les attaches poftérieures font au *calcaneum*, au naviculaire, & au premier cunéiforme ; & fon attache antérieure eft à la partie poftérieure & interne de fa premiére falange.

Le gros orteil eft approché des autres doigts par le *tranfverfal du pied*, qui eft attaché d'une part à la partie inférieure de l'os du métatarfe qui foutient le petit orteil ; & traverfant toute la plante du pied, s'attache de l'autre part à la partie poftérieure externe de la premiére falange.

L'orteil qui fuit le pouce, ou celui qui répond à l'indice de la main, à un mufcle qui l'approche du gros orteil appellé l'*adducteur de l'indice.* Ses attaches font d'une part à la furface interne du premier os du gros orteil, & de l'autre aux trois falanges du fecond orteil.

Le petit orteil eft éloigné des autres par l'*hipothénar*, dont l'attache poftérieure eft au *calcaneum* & au dernier os du métatarfe ; & l'antérieure fe fait fur la furface externe du même orteil.

FIN.

TABLE GÉNÉRALE

DES MATIERES

Contenues dans cet Ouvrage.

¶ *Les Chiffres Romains* I. *&* II. *qui précédent les Chiffres Arabes,* 1, 2, 3, *&c. marquent le Tome d'où est extraite la matiere qui fait le sujet de l'Article.*

A.

ABBAISSEUR en bas, *Abducteur & Adducteur*, Muscles de l'Œil, I. 74, 75.

Abbaisseur de l'Œil, voyez *Humble*.

Abbaisseur de la Paupiére inférieure; quel est ce Muscle ; ses attaches, II. 158.

Abdomen. En quoi son Muscle droit differe dans l'homme & dans les animaux; sa dissection dans les derniers, II. 127.

Abduction. Ce qu'on appelle ainsi, II. 235.

Accélérateur latéral de la Verge, préparation de ce Muscle, II. 50-52, 57-59.

B.

C.

D.

E.

Expiration.

G.

L.

Ligament.

Tome II. Aa

haut, & tiré directement & obliquement en bas, 172.

P.

*P*Alais. Préparation pour la dissection
des Muscles de sa cloison , I.
124 - 126.

Leur dissection, 127 - 130.

Attaches des Muscles à sa cloison , II.
181. 182.

Palato-staphilins. Dissection de ces Muscles, I. 130. 131.

Leur attache supérieure & fixe, & leur
extrémité inférieure, II. 182.

Palmaire (le) tendon ; il ne fait point
son action sur la peau du dedans de
la main, I. 249.

Son attache supérieure & inférieure,
II. 224.

Palmaire (le long). Façon de disséquer
ce Muscle, I. 268. 269.

Panicule charnu (le). Ce que les Anciens ont appellé ainsi , on ne le remarque que dans les brutes, II. 119.

Manière de le disséquer , 120 121.

Ses attaches les plus fixes, 122.

Il est un Muscle particulier aux animaux ; son action, 123.

Paupiéres. Leurs Muscles, I. 70. 71. II.
157. - 159.

Méthode de les disséquer , I. 70-72.

Ce qui paroît singulier à l'aspect du
premier, 70. 71.

Q.

S.

Tome II.   B b.

T.

Z.

Fin de la Table générale des Matiéres.

PRIVILEGE

Approbation du Censeur Royal.

J'Aï vu par ordre de Monseigneur le Chancelier les Traités de *Splanch-nologie & de Miotomie*, par M. de Garengeot. A Paris, ce 29 Juillet 1741.

Signé, PETIT.

PRIVILE'GE DU ROI.

LOUIS, PAR LA GRACE DE DIEU, ROI DE FRANCE ET DE NAVARRE, à nos amés & féaux Conseillers les Gens tenans nos Cours de Parlement, Maîtres des Requêtes ordinaires de notre Hôtel, Grand Conseil, Prevôt de Paris, Baillifs, Sénéchaux, leurs Lieutenans-Civils & autres nos Justiciers qu'il appartiendra, SALUT; notre bien amé le sieur CROISSANT DE GARENGEOT, Maître Chirurgien & de notre Châtelet de Paris, Nous ayant fait remontrer qu'il souhaiteroit continuer à faire réimprimer & donner au Public les Ouvrages de sa composition, qui ont pour titre : *Splanchnologie* ou l'*Anatomie des Viscéres*, & *Miotomie*, s'il Nous plaisoit lui accorder nos Lettres de continua-

Tome II. C c

tion de Privilége fur ce néceffaires, offrant pour cet effet de les faire réimprimer en bon papier & beaux caracteres, fuivant la feuille imprimée & attachée pour modéle, fous le contre-fcel des Préfentes; A CES CAUSES, voulant traiter favorablement ledit fieur Expofant, Nous lui avons permis & permettons par ces Préfentes, de faire réimprimer lefdits Ouvrages ci-deffus fpécifiés, en un ou plufieurs volumes, conjointement ou féparément, & autant de fois que bon lui femblera, & de les faire vendre & débiter par tout notre Royaume pendant le tems de douze années confécutives, à compter du jour de la date defdites Préfentes; faifons défenfes à toutes fortes de perfonnes, de quelque qualité & condition qu'elles foient, d'en introduire d'impreffion étrangere dans aucun lieu de notre obéiffance, comme auffi à tous Libraires, Imprimeurs & autres, d'imprimer, faire imprimer, vendre, faire vendre, débiter ni contrefaire lefdits Ouvrages ci-deffus expofés, en tout ni en partie, ni d'en faire aucuns extraits, fous quelque prétexte que ce foit, d'augmentation, correction, changement de titre ou autrement, fans la permiffion expreffe & par écrit dudit fieur Expofant, ou de ceux qui auront droit de lui, à peine de confifcation des Exemplaires contrefaits, de trois mille livres d'amende contre chacun des contrevenans, dont un tiers à nous, un tiers à l'Hôtel-Dieu de Paris, l'autre tiers audit

sieur Exposant, & de tous dépens, domnra-
ges & intérêts ; à la charge que ces Présentes seront enregistrées tout au long sur le
Registre de la Communauté des Libraires &
Imprimeurs de Paris, dans trois mois de la
date d'icelles ; que l'impression de cet Ouvrage sera faite dans notre Royaume, & non
ailleurs, & que l'Impétrant se conformera en
tout aux Réglemens de la Librairie, & no-
tamment à celui du 10 Avril 1725. & qu'a-
vant de l'exposer en vente, le Manuscrit
ou Imprimé qui aura servi de copie à l'impression desdits Ouvrages, sera remis dans le
même état où l'Approbation y aura été donnée, ès mains de notre très-cher & féal Chevalier Chancelier de France, le sieur DAGUES-
SEAU, Commandeur de nos Ordres, & qu'il
en sera ensuite remis deux Exemplaires dans
notre Bibliothéque publique, un dans celle
de notre château du Louvre, & un dans celle
de notredit très-cher & féal Chevalier le
sieur DAGUESSEAU, Chancelier de France,
Commandeur de nos Ordres, le tout à
peine de nullité desdites Présentes. Du
contenu desquelles vous mandons & en-
joignons de faire jouir ledit sieur Exposant
ou ses ayans causes, pleinement & paisi-
blement, sans souffrir qu'il leur soit fait
aucun trouble ou empêchement. Voulons
que la copie desdites Présentes, qui sera imprimée tout au long au commencement ou à
la fin desdits Ouvrages, soit tenue pour dûe-
ment signifiée, & qu'aux Copies collation-

nées par l'un de nos amés & féaux Conseillers & Secrétaires, foi soit ajoutée comme à l'Original. Commandons au premier notre Huissier ou Sergent de faire pour l'éxécution d'icelles tous Actes requis & nécessaires, sans demander autre permission, & nonobstant clameur de Haro, Charte Normande & Lettres à ce contraires. Car tel est notre plaisir. DONNE' à Versailles, le neuviéme jour du mois de Septembre, l'an de grace mil sept cent quarante-un, & de notre Regne le vingt-septiéme. Par le Roi en son Conseil.

Signé, SAINSON.

Régistré sur le Registre X. de la Chambre Royale & Syndicale des Libraires & Imprimeurs de Paris, Nº 552. fol. 544. conformément au Réglement de 1723. qui fait défenses art. IV. à toutes personnes de quelque qualité & condition qu'elles soient, autre que les Libraires & Imprimeurs, de vendre, débiter & faire afficher aucuns Livres pour les vendre en leurs noms, soit qu'ils s'en disent les Auteurs ou autrement, à la charge de fournir à ladite Chambre Royale & Syndicale des Libraires & Imprimeurs de Paris, huit Exemplaires de chacun prescrit par l'art. CVIII. du même Réglement.

Signé, SAUGRAIN, *Syndic.*

www.ingramcontent.com/pod-product-compliance
Lightning Source LLC
LaVergne TN
LVHW021628060726

842527LV00003B/582